钩针编织技巧
一 学 就 会

[日]寺西惠里子 / 编著　宋天涛 / 译

江苏凤凰科学技术出版社 · 南京

江苏省版权局著作权合同登记 图字：10-2015-179 号

图书在版编目（CIP）数据

钩针编织技巧一学就会 /（日）寺西惠里子编著；
宋天涛译 . — 南京：江苏凤凰科学技术出版社，2022.2
ISBN 978-7-5713-2258-8

Ⅰ . ①钩… Ⅱ . ①寺… ②宋… Ⅲ . ①钩针 – 编织
Ⅳ . ① TS935.521

中国版本图书馆 CIP 数据核字（2021）第 164996 号

钩针编织技巧一学就会

编　　　著	[日]寺西惠里子	
译　　　者	宋天涛	
责 任 编 辑	祝　萍	
责 任 校 对	仲　敏	
责 任 监 制	方　晨	

出 版 发 行　江苏凤凰科学技术出版社
出版社地址　南京市湖南路 1 号 A 楼，邮编：210009
出版社网址　http://www.pspress.cn
印　　　刷　天津丰富彩艺印刷有限公司

开　　　本　787 mm × 1 092 mm　1/16
印　　　张　5
字　　　数　90 000
版　　　次　2022年2月第1版
印　　　次　2022年2月第1次印刷

标 准 书 号　ISBN 978-7-5713-2258-8
定　　　价　32.00元

目　录

娇小可爱的花朵，
五颜六色，
只需简单地排列一下，
就变成了美丽的花环。

请发挥创意，自己钩织试一试。

花朵图案

选择喜爱的彩线来钩织你喜欢的花朵
图案吧!
即使只钩织出1朵,
心情也会跟着明朗起来!

制作方法: P12, P56 **1** P56 **2** ▶ **5** P57 **6**

多彩花朵系绳项链

各种颜色的线钩织出不一样的花朵，
在清新的绿色线绳上连接起来。
花朵的位置由你决定。

7

制作方法：P57 7

本白色花朵项链

白色象征着美丽、纯洁。
在缎带上点缀上各种各样的花朵，
一条典雅的项链就诞生了。

制作方法：P58 **8**

9

花朵发夹

花朵与花朵紧贴在一起，
这花束般的五彩发夹，
透出一种华丽与高贵。

制作方法：P58 9

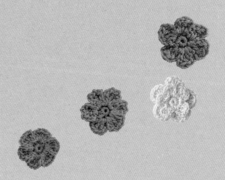

花朵系绳项链

这款系绳项链融合了浅色系毛线，
既成熟又可爱。
花朵和叶子可以在线绳上随意添加。

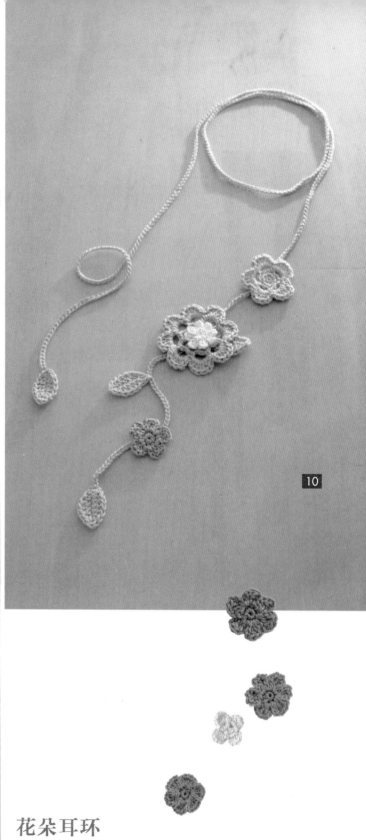

10

11

花朵耳环

亮色系毛线钩织成的小花
可以制成耳环。
当作礼物也是不错的选择。

制作方法：P59 10 P60 11

花朵头绳

多钩织几朵相同形状的花朵，
把它们连在一起，就变成了头绳。
排列不同颜色的花朵也不失为一种乐趣。

制作方法：P59 12

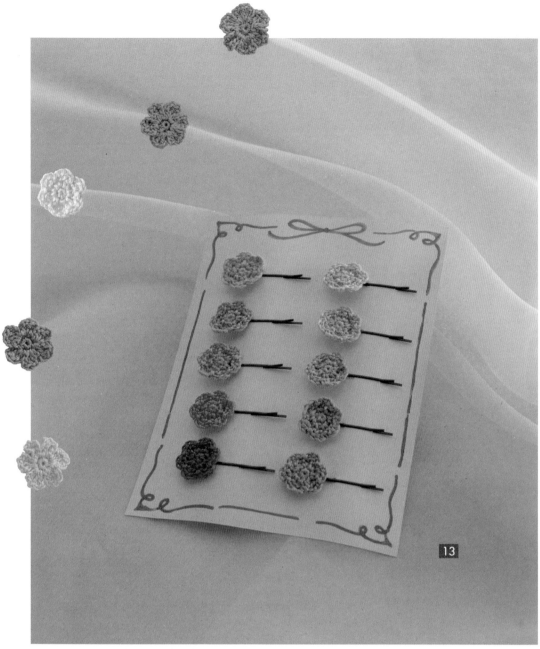

花朵发卡

一朵小花也能做成发卡，
只需很短时间就能制作完成。
别在卡片上也很适合当作礼物。

制作方法：**P60** **13**

花朵钩织法

做环后开始钩织。
只需用基本的钩织方法就可以轻松完成。
可以使用不同颜色的线来钩织2朵花。

材 料

线

浅粉色适量　　深粉色适量

3/0号（2.3mm）钩针　　缝衣针

钩织图

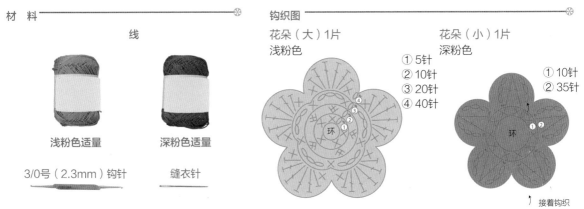

花朵（大）1片
浅粉色

① 5针
② 10针
③ 20针
④ 40针

花朵（小）1片
深粉色

① 10针
② 35针

环

↑ 接着钩织

钩织花朵（大）

1 环形起针，钩织第1圈

环

1~3：环形起针的方法
把线在食指上绕2圈，
开始做环。

把针插入圆圈中挂线。

拉出线。
（环形起针完成）

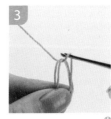

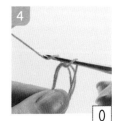

4~5：锁针的钩织
方法
针上挂线。

0

引拔。
（1针锁针钩织完成）

6~10：短针的钩织方法
把针插入圆圈中。

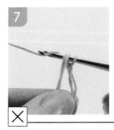

✕
针上挂线。

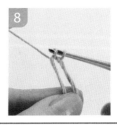

把线从圆圈中拉出来。

针上再挂一次线。

一次引拔2针。
（1针短针钩织完成）

再钩织4针短针，共计
5针。

拉紧做好环的线。

13~14：引拔针的钩织
方法
把钩针插入第1针短针的
针眼（★）里，挂线。

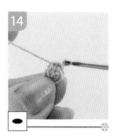

全部引拔。
（引拔针钩织完成）

2 钩织第2圈

钩织1针锁针（起立针）。

2~4：1针分2针短针的钩
织方法
把钩针插入同一针的针
眼（♥）里。

钩织短针。

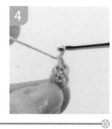

在同一针处再钩织1针
短针。
（1针分2针短针钩织
完成）

再钩织4次1针分2针短
针，共计5次。

钩织1圈后，把钩针插
入第1针短针的针眼
里，钩织引拔针。

3 钩织第3圈

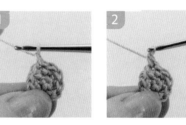

钩织1针锁针（起立
针）。

在同一针处钩织1针
短针。

钩织3针锁针。

跳过1针，把钩针插入
下一针的针眼里，钩
织短针。

重复3次步骤3~4，然
后钩织3针锁针。

把钩针插入第1针短
针的针眼里，钩织引
拔针。

4 钩织第4圈

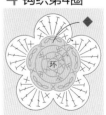

4 钩织第4圈（接P13）

1

钩织1针锁针（起立针）。

2

把钩针插入（◆）的缝隙里。

3

钩织短针。

4

4~6：中长针的钩织方法
针上挂线，把钩针插入同一个缝隙里。

5

针上挂线，引拔1针。

6

针上挂线，一次全部引拔。
（1针中长针钩织完成）

7

7~12：长针的钩织方法
针上挂线，把钩针插入缝隙里。

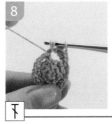
8

针上挂线，引拔1针。

9

针上挂线。

10

引拔2针。

11

针上再挂一次线。

12

引拔2针。
（1针长针钩织完成）

13

再钩织3针长针。

14

钩织1针中长针。

15

钩织1针短针。

16

再重复4次步骤2~15，共钩织5次。

17

把钩针插入第1针短针的针眼里，挂线，引拔1针。

18

18~20：钩织完成后线头的处理方法
大约留出10cm的线，剪断。

19

抽出钩针，把线头穿过圆圈，拉紧，再把线穿到缝衣针上。

20

在背面来回各穿3针，压好线头，一片花朵（大）制作完成。

钩织花朵（小）

5 环形起针，钩织第1圈

在钩织开始时，开头处的线留得长一些。环形起针时，钩织起立针和10针短针。在第1针短针的针眼处引拔。

6 钩织第2圈

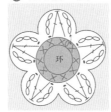

1 钩织3针锁针。

2 2~8：长针2针并1针的钩织方法
针上挂线，把钩针插入同一针的针眼里。

3 2~8：长针2针并1针的钩织方法（接步骤2）
针上挂线，引拔1针。

4 针上挂线，引拔2针。

5 针上挂线，把钩针插入下一针的针眼里。

6 针上挂线，引拔1针。

7 针上挂线，引拔2针。

8 针上挂线，一次全部引拔。
（长针2针并1针钩织完成）

9 钩织3针锁针。

10 把钩针插入同一针的针眼里，针上挂线，钩织引拔针。

11 把钩针插入下一针的针眼里，针上挂线，钩织引拔针。

12 重复3次步骤1~11，再重复1次步骤1~10。

7 缝合2片花朵

13 找到钩织前留的线，处理好线头，一片花朵（小）制作完成。

1 把钩织花朵（小）前留的线穿到缝衣针上，再把缝衣针穿过花朵（大）的中心，将2片钩织花朵缝合。

2 制作完成。

方形和圆形花朵图案

将各式各样的花纹钩织在花朵周围，
可以制作成圆形或方形的图案。
把样式相同的花纹相互连接起来，
图案会更加生动，散发出独特的魅力。

方形花朵小袋

立体花朵图案和缤纷的色彩点缀着可爱的
小袋。
请细心地钩织吧!

14

制作方法：P61 14

圆形花朵杯垫

端起杯子时，一眼就能看见可爱的花朵杯垫。
给家人制作不同颜色的杯垫吧！

15

16

杯垫贺卡

把1枚钩织好的杯垫贴在贺卡上，
一份漂亮又独特的礼物就诞生了。

制作方法：P60 15 16

方形花朵杯垫

把钩织有主题图案的织片连着钩织起来，
就变成了1张杯垫。
再添上1朵立体的钩织花朵怎么样？

17

制作方法：**P21** 17

方形迷你花朵手提袋

18

有着深浅不一的粉色的手提袋，
散发着甜美气息。
手提袋上的白色很显眼吧？

制作方法：P62 18

方形花朵杯垫钩织法

绕着基础花朵图案周围一圈一圈地钩织，织成正方形，再把钩织有主题图案的织片连接起来。既可以制作成杯垫，也可以制作成小钱包。

材料

线

淡蓝色适量　　橙黄色适量　　本白色适量　　深橘色适量

3/0号（2.3mm）钩针　　　　缝衣针

钩织图

主题图案：4片
① 淡蓝色+本白色+淡蓝色（第七圈）：2片
② 橙黄色+淡蓝色（第7圈）+本白色：2片

① 5针
② 10针
③ 20针
④ 40针
⑤ 40针
⑥ 64针
⑦ 64针

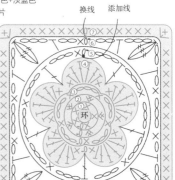

换线　　添加线

---

1 钩织2种花朵

1
淡蓝色、橙黄色花朵（大）各钩织2片。
※钩织方法和P12钩织花朵（大）相同

2
钩织1片深橘色花朵（小）。
※钩织方法和P15钩织花朵（小）相同

2 钩织第5圈

1
把钩针插入淡蓝色花瓣顶端处（★），挂1条本白色线。

2
拉出线，钩织1针锁针（起立针）。
※锁针的钩织方法请参照P12

3
在同一针处钩织短针。
※短针的钩织方法请参照P12~P13

4
钩织3针锁针。

5
挂线，把钩针插入花瓣与花瓣之间的针眼里。

6
钩织长针。
※长针的钩织方法请参照P14

钩织3针锁针。

在花瓣的顶端处钩织短针。

重复3次步骤4~8，重复1次步骤4~7，把钩针插入第1针短针的针眼里，钩织引拔针。
※引拔针的钩织方法请参照P13

3 钩织第6圈

钩织1针锁针（起立针）和1针短针。

钩织2针锁针。

钩针上挂线，把钩针插入（♥）的缝隙里。

钩织中长针。
※中长针的钩织方法请参照P14

钩织3针锁针。

6~12：长长针3针的枣形针的钩织方法
钩针上挂2次线，把钩针插入上一圈长针的针眼里。

6~12：长长针3针的枣形针的钩织方法（接步骤6）
钩针上挂线，拉出来。

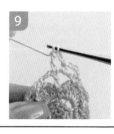

钩针上挂线，引拔2针。

再挂一次线，引拔2针。

钩针上挂2次线，把钩针插入同一针的针眼里，重复步骤7~9。

再重复一次步骤10。

钩针上挂线，一次引拔。
（长长针3针的枣形针钩织完成）

钩织2针锁针。

钩针上挂线，把钩针插入（■）里，钩织中长针。

钩织1针锁针。

在上一圈的短针针眼处钩织1针短针。

按照钩织步骤一直钩织，直至钩织到引拔针前。

18~19：换线方法
把钩针插入第1针的针眼里，钩针上挂下一圈的线（此处开始是淡蓝色的线）。

全部引拔。

4 钩织第7圈

钩织1针锁针（起立针）和短针。

把钩针插入（▲）的缝隙里。

钩织2针短针。

把钩针插入上一圈中长针的针眼里，钩织短针。

把钩针插入下一个缝隙里，钩织3针短针。

在顶角处钩织1针分3针短针。

※1针分3针短针的钩织方法请参照P48

按照钩织第7圈的钩织图钩织1圈，随后把钩针插入第1针的针眼里，钩织引拔针，最后钩织完成。

其他3片花朵（大）也按照上述方法钩织，共钩织4片。

5 连接

1~2：卷针缝的缝法
各拿1片淡蓝色、橙黄色织片，将它们正面向外叠在一起，之后把缝衣针插入叠在一起的织片的2个顶角处。

将2片叠在一起的织片的同一边上的针眼与针眼对齐，然后缝合。

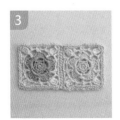

2片织片连接完成。

将剩余2片织片也用卷针缝的缝法连接起来。

使用卷针缝的缝法，把上下织片缝合连接起来。

最后，把花朵（小）添加在左下方织片的橙黄色花朵（大）上，制作完成。

平面图案

锁针和短针结合起来，
可以钩织出各种形状。
丰富的颜色变化，
也是钩织的乐趣所在。

制作方法: P63 19 24 26 28 P64 20 25 P65 21 22 27 P28 23

就像在圆圈线束上做色彩游戏一样，
请在圆圈线束上点缀上可爱的钩针织
物吧！

请发挥创意，自己钩织试一试。

小发饰

小巧的钩织物非常适合制成发饰。
它们与时装搭配起来也十分协调。

29

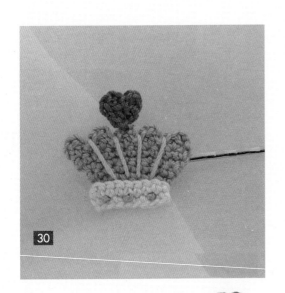

30

31

制作方法：P64 29 ▶ 31

点缀钩织物的卡片

将西瓜图案钩织出来做成慰问卡，或将苹果图案钩织出来做成感谢卡，任谁收到都会开心不已！

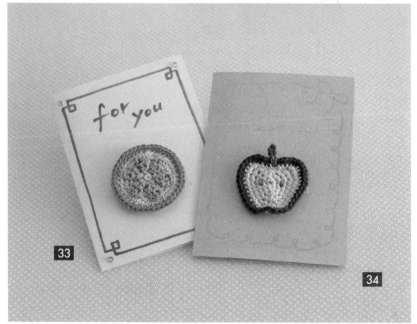

制作方法：P65 32 ▶ 34

蝴蝶结钩织法

蝴蝶结由3部分组装而成。
钩织的关键是做环锁针时尽量使其不要扭曲。
它可以当作发饰或首饰。

材料

线

淡蓝色适量　　　　本白色适量

3/0号（2.3mm）钩针　　缝衣针

钩织图

蝴蝶结上部:1片
☐淡蓝色 ☐本白色

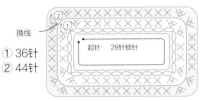

换线
① 36针
② 44针

起针　28针锁针

蝴蝶结中心:1片
淡蓝色

起针
8针锁针
① 8针
② 8针

蝴蝶结下部:1片
☐淡蓝色 ☐本白色

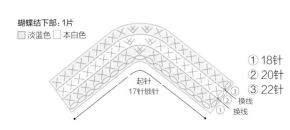

起针
17针锁针

① 18针
② 20针
③ 22针

换线
换线

钩织蝴蝶结上部

1 钩织第1圈

1

钩织28针锁针。
※ 锁针的钩织方法请
参照P12

2

把钩针插入第1个锁针
的里山。

3

钩针上挂线，钩织引
拔针。
※ 引拔针的钩织方法
请参照P13

4

钩织1针锁针（起立针）。

5

在同一针里钩织1针分
2针短针。
※ 1针分2针短针的钩
织方法请参照P13

6

从下一针开始，挑起锁
针的里山，钩织短针。
※ 短针的钩织方法请
参照P12～P13

7

按照钩织图钩织，尽
量使其不要扭曲，钩
织1圈。

8

把钩针插入第1针短针
的针眼里，把下一圈
的线挂在钩针上。

9

钩织引拔针。

钩织蝴蝶结下部

2 钩织第2圈

按照钩织图钩织第2圈，处理好线头。

3 钩织第1圈

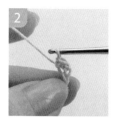

钩织18针锁针。（第1针是起立针）

把钩针插入第2针里，钩织短针。

4 钩织第2~3圈

按照钩织图钩织1圈。

把钩针插入第1针的针眼里，把下一圈的线挂在钩针上。

引拔。

按照钩织图钩织第2圈，处理好线头。

5 钩织蝴蝶结中心

再换一根线，按照步骤1~3钩织第3圈。

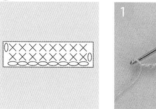

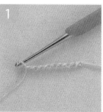

钩织9针锁针。（第1针是起立针）

把钩针插入第2针的针眼里，钩织短针。

钩织7针短针，返回背面，钩织起立针。

6 组装

钩织8针短针。

把蝴蝶结下部叠放在蝴蝶结上部的背面。

把蝴蝶结中心用前面已编好的织物卷起来，将剩余的线穿在缝衣针上，把卷起蝴蝶结中心的织物两端缝合。

处理好线头，制作完成。

时尚小物件

不论是小巧的帽子还是手提袋，
我们身边的许多物件都可以用线钩织出来。
来打造一个迷你的世界吧！

制作方法：P66 35 36 37 39 P67 38 40

41

迷你手提袋

将一个可爱又小巧的条纹手提袋用
皮革绳穿起来，
一条可爱的项链就诞生了。

42

制作方法: P34, P67 41 P68 42

手提袋

学会短针后，
请试着钩织一个迷你小袋。
挑选出你喜爱的手提袋的颜色和形状，
快来挑战吧！

夏季时尚小饰品

钩织完成后，把手提袋串起来，
就变成了夏季手提袋上的迷人饰品。
也可以挂在手机上。

制作方法：P68 43 44 P69 45 46

美妆小物件

小小的化妆水瓶、
香水瓶、小镜子……
穿上链子，就变成首饰了。

制作方法：**P70** `47` ▶ `49` **P69** `50`

手提袋钩织法

只需用到短针，
很快就能钩织完成。
再牢牢地安上提手，
就像真的手提袋一样。

材料

线

深粉色适量　　淡茶色适量

3/0号（2.3mm）钩针　　缝衣针

钩织图

手提袋：1片
■深粉色　□淡茶色

接着钩织

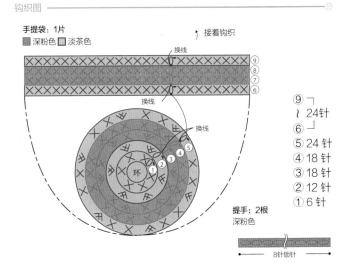

换线
换线
换线

⑨
⑧
⑦
⑥

⑨┐
～ 24针
⑥┘
⑤ 24针
④ 18针
③ 18针
② 12针
① 6针

提手：2根
深粉色

8针锁针

1 环形起针，钩织第1圈

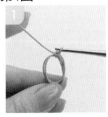

把钩针插入圆圈中，挂线，钩织锁针(起立针)。
※环形起针方法请参照P12

钩织6针短针。
※短针的钩织方法请参照P12~P13

拉紧做好环的线。

把钩针插入第1针短针的针眼（★）里，钩织引拔针。
※引拔针的钩织方法请参照P13

2 钩织第2圈

钩织1针锁针（起立针）。

把钩针插入同一针的针眼（♥）里，钩织1针分2针短针。
※1针分2针短针的钩织方法请参照P13

再重复5次1针分2针短针，共计6次。

把钩针插入第1针短针的针眼里，钩针上挂下一圈的线。

34

全部引拔。

3 钩织第3圈

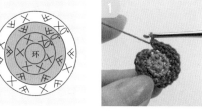

按照钩织图钩织1圈。

把钩针插入第1针短针的针眼里，钩织引拔针。

4 钩织第4~9圈

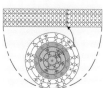

5 钩织提手，连接到手提袋上

按照钩织图，一边换不同颜色的线，一边钩织到第9圈。

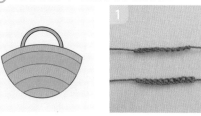

钩织10针锁针，织2条。开端处的线和结尾处的线要留得长一些。

把提手一端的线穿入缝衣针，缝在手提袋的第9圈上。

按照钩织图，在背面再穿一次针。

做环打结，尽量连接得牢固些，防止提手脱落。空出4针，将提手另一端的线头以相同的方法缝在手提袋上。

从步骤4的位置开始空出6针，再用相同的方法把另一根提手缝在手提袋上。制作完成。

下午茶

当茶杯与马卡龙"邂逅"，
便构成了下午茶。
你想拥有惬意的下午茶时光吗?
那就快来钩织茶点小物件吧!

水果首饰

颜色、形状都很可爱的各种水果，
外形小巧，很快就能钩织出来，
串起来就是漂亮的项链。

制作方法：**P71** `51` ▶ `54` **P72** `55` ▶ `58` **P75** `59`

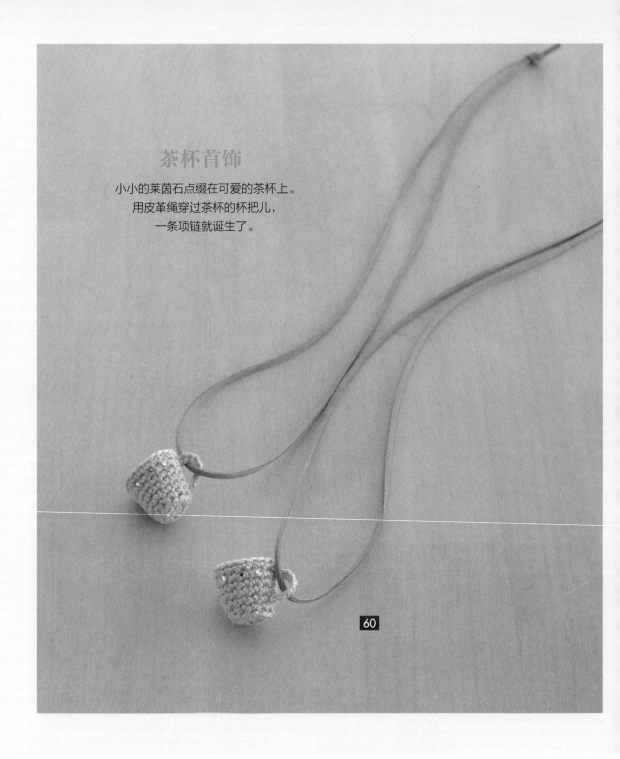

茶杯首饰

小小的莱茵石点缀在可爱的茶杯上。
用皮革绳穿过茶杯的杯把儿，
一条项链就诞生了。

60

61

制作方法：**P73** 60 **P40, P73** 61

缤纷下午茶

钩织各式各样的小物件，
以及钩织不同颜色的同一小物件，
都各有各的乐趣！
多钩织些小物件，试着搭配起来吧！

制作方法：**P73** 62 **P74** 63 ▶ 65

杯形蛋糕钩织法

在杯形蛋糕中塞入棉花，立体感更强。
它既能作为装饰物，又能做成胸针。

钩织图

茶杯：1片
淡蓝色　　　　　↑接着钩织

⑥18针
⑤18针
④15针
③12针
②12针
①6针

蛋糕：1片
□白色　■深棕色　　↑接着钩织

←换线

⑦12针
⑥12针
⑤18针
④18针
③18针
②12针
①6针

樱桃：1片
红色　　　↑接着钩织

②6针
①6针

蝴蝶结：1条
米黄色

←8针锁针→

材 料

线

淡蓝色适量　深棕色适量　白色适量　红色适量　米黄色适量

4/0号（2.5mm）钩针　　缝衣针　　化纤棉：少量

钩织茶杯

1 环形起针，钩织第1圈

把钩针插入圆圈中，挂线，钩织锁针(起立针)。
※ 环形起针方法请参照P12

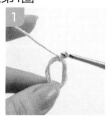

钩织1针短针。
※ 短针的钩织方法请参照P12

再钩织5针短针，共计6针。

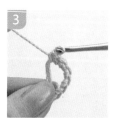

拉紧做好环的线。

把钩针插入第1针短针的针眼（★）里，挂线。

全部引拔。
※ 引拔针的钩织方法请参照P13

2 钩织第2圈

钩织1针锁针(起立针)。

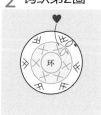

把钩针插入同一针的针眼（★）里，钩织1针分2针短针。
※ 1针分2针短针的钩织方法请参照P13

3

从下一针开始重复钩织5次1针分2针短针，共计6次。

4

把钩针插入第1针短针的针眼里，钩织引拔针。

3 钩织第3圈

1

钩织1针锁针（起立针）。

2

2～3：短针条纹针的钩织方法

把钩针插入同一针前侧的针眼里，挽起1根线。

3

⊠ ——※

钩织短针。
（短针条纹针钩织完成）

4

重复步骤2～3，钩织1圈，再把钩针插入第1针短针的针眼里，钩织引拔针。

4 钩织第4~6圈

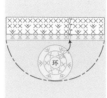

按照钩织图钩织到第6圈。

钩织蛋糕

5 先钩织2圈

钩织方法和钩织茶杯的步骤1~2相同。

6 钩织第3~5圈

1

按照钩织图钩织第3圈，一直钩织到最后的引拔针前。

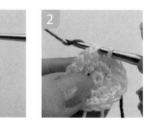

2

把钩针插入第1针短针的针眼里，针上挂下一圈的线。

3

全部引拔，换另一种颜色的线。

4

按照钩织图，一直钩织到第5圈。

7 钩织第6~7圈

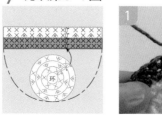

1

钩织锁针（起立针）和短针。

2

2～6：短针2针并1针的钩织方法

把钩针插入下一针的针眼里。

3

⊠

针上挂线，引拔1针。

41

2~6：短针2针并1针的钩织方法（接P41）
把钩针插入下一针的针眼里。

针上挂线，引拔1针。

针上挂线，全部引拔。
（短针2针并1针钩织完成）

重复短针和短针2针并1针，把钩针插入第1针短针的针眼里，钩织引拔针。

按照钩织图，一直钩织到第7圈。

8 制作杯形蛋糕

往茶杯和蛋糕中塞入棉花。

把蛋糕叠放在茶杯上。调整蛋糕的高度，使得大约能看见2圈蛋糕上的深棕色毛线。

把和茶杯同颜色的线穿到缝衣针上，将缝衣针插入茶杯，一直插到能挽起蛋糕为止，随后挑1针。

隔1针缝1次，绕1圈后，杯形蛋糕主体制作完成。

9 制作樱桃，连接到蛋糕上

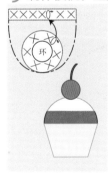

和钩织茶杯中的步骤1~3的钩织方法相同。

准备1条大约10cm的深棕色线，打一个结。

把步骤2中打好的结放进前面已经做好的环里面，拉紧环。

把钩针插入第1针短针的针眼里，钩织引拔针。

按照钩织图，钩织到第2圈。钩织至结尾处时线需要留得长一些。

6~7：拉紧最后一圈线的缝法
将钩织至结尾处的线穿入缝衣针，逐一挑起短针前侧的线，随后缝在一起。

拉紧线。
（拉紧最后一圈线的缝法完成）

将缝衣针插入蛋糕中心，从和茶杯重叠部分的针眼里穿出，缠2次线，打死结后缝合固定起来。

剪出代表樱桃上的果蒂的线。

10 制作蝴蝶结

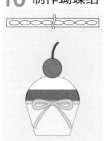

钩织20针锁针。在开端处和结尾处各留出10cm长的线。

将留出的线缠绕在蛋糕周围，打结。剪掉多余的线头，随后整理成蝴蝶结的形状。

制作完成。

幸福主题

小熊和小兔

娇小可爱的小熊和小兔。
先钩织好各个零件，
再将它们连接起来。
如果细心地钩织，
小动物们会栩栩如生。

66

制作方法：**P48, P76** 66

44

幸福蛋糕和心

3层白色婚礼蛋糕和五颜六色的心摆放在一起，
温馨又浪漫。

67

68

制作方法：P52 67 P75 68

小熊国王

披上披肩，再戴上王冠，
小熊成功变身"国王"。
可以将它作为礼物送给小伙伴。

69

制作方法：**P76** 69

心形饰品

无论多么小，
都散发着可爱气息。
心形饰品非常适合做成首饰。

制作方法：**P77** `70` ▶ `72`

小熊钩织法

将零件分别钩织好，再组装起来，成为
可爱的迷你小熊。
可以别在手提袋上作为装饰。

材 料

线

 淡蓝色夹丝棉线适量　　 本白色夹丝棉线适量　　黑色适量

3/0号（2.3mm）钩针　　缝衣针　　化纤棉：少量

钩织图

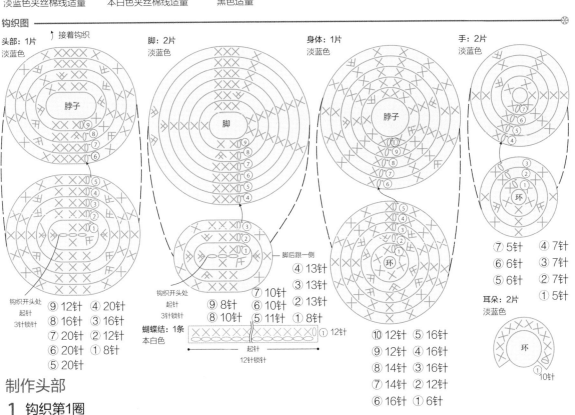

头部：1片　↓接着钩织
淡蓝色

脖子

脚：2片
淡蓝色

脚

身体：1片
淡蓝色

脖子

环

手：2片
淡蓝色

环

钩织开头处
起针
3针锁针

⑨ 12针　④ 20针
⑧ 16针　③ 16针
⑦ 20针　② 12针
⑥ 20针　① 8针
⑤ 20针

脚后跟一侧
脚

钩织开头处
起针
3针锁针

④ 13针
③ 13针
② 13针
① 8针

⑦ 10针
⑥ 10针
⑤ 11针

⑨ 8针
⑧ 10针

蝴蝶结：1条
本白色

起针
12针锁针

① 12针

环

⑩ 12针　⑤ 16针
⑨ 12针　④ 16针
⑧ 14针　③ 16针
⑦ 14针　② 12针
⑥ 16针　① 6针

⑦ 5针　④ 7针
⑥ 6针　③ 7针
⑤ 6针　② 7针
① 5针

耳朵：2片
淡蓝色

环

① 10针

制作头部

1 钩织第1圈

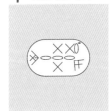

1

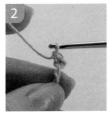

钩织4针锁针，其中1
针是起立针。
※锁针的钩织方法请
参照P12

2

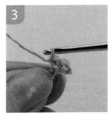

隔1针挑起下一个锁针的
里山，钩织1针短针。
※短针的钩织方法请
参照P12～P13

3

下一针也是挑起锁针的
里山，钩织1针短针。

4

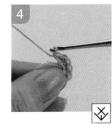

1针分3针短针的钩织方法
在下一针处钩织3针
短针。
（1针分3针短针钩织
完成）

在下一针处钩织1针短针。

在下一针处钩织1针分2针短针。
※1针分2针短针的钩织方法请参照P13

把钩针插入第1针短针的针眼里，钩织引拔针。
※引拔针的钩织方法请参照P13

2 钩织第2~6圈

钩织第2圈时，先钩织1针锁针（起立针）。

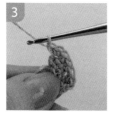

钩织3针短针。

在下一针处钩织1针分3针短针。

重复步骤2~3，钩织1圈后，把钩针插入第1针短针的针眼里，引拔1针。

按照钩织图重复钩织短针和1针分2针短针，一直钩织到第6圈。

3 钩织第7~9圈

钩织第7圈时，先钩织1针锁针（起立针）和4针短针。

下一针和再下一针钩织成短针2针并1针。
※短针2针并1针的钩织方法请参照P41~P42

按照钩织图钩织1圈，第7圈钩织完成。

按照钩织图钩织，一直钩织到第9圈。

制作身体
4 环形起针，钩织第1圈

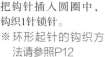

把钩针插入圆圈中，钩织1针锁针。
※环形起针的钩织方法请参照P12

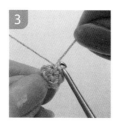

钩织6针短针。

拉紧做好环的线。

把钩针插入第1针短针的针眼里，钩织引拔针。

5 钩织第2圈

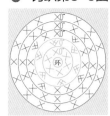

6 钩织第3~5圈

钩织1针锁针（起立针）。

在同一针处钩织1针分2针短针。

再钩织5次1针分2针短针，共计6次。

把钩针插入第1针短针的针眼里，钩织引拔针。

7 钩织第6~10圈

8 钩织手

按照钩织图钩织，一直钩织到第5圈。

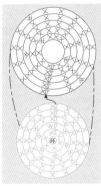

按照钩织图钩织，一直钩织到第10圈。钩织至结尾处时线要留长一些。

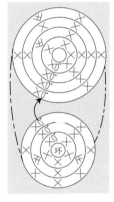

和头部的钩织方法相同，按照钩织图钩织2个。钩织至结尾处时线要留长一些。

9 钩织脚

10 钩织耳朵

和头部的钩织方法相同，按照钩织图钩织2个。钩织至结尾处时线要留长一些。

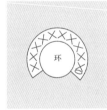

环形起针，钩织1针锁针（起立针）。

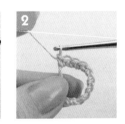

钩织10针短针。

11 连接头部和身体

拉紧做好环的线。制作2个这样的环。钩织至结尾处时线要留长一些。

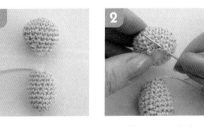

往头部和身体的织片中塞入棉花，将其用棉花填满。用笔尖塞会更容易。

把身体织片的线穿到缝衣针上，挽起头部织片，缝1针。

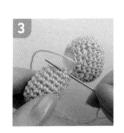

挽起身体织片，缝1针。

12 缝上耳朵

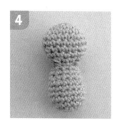

4

每一针都这样缝，绕一圈后，把线穿过第1针的针眼，处理好线头。

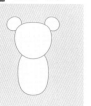

1

前侧

把耳朵织片上的线穿到缝衣针上，挽起头部织片第2圈旁边的1针。

2

挽起小熊耳朵边的1针，再缝在头部织片第3圈旁边。

3

第2圈

第3圈

另一边一样，将另一只耳朵缝在头部织片另一侧的第3圈和第2圈附近。

13 缝上手脚

1

往小熊的手和脚的织片里塞入棉花。

2

将前面已留出的线穿入缝衣针，一个接一个地挽起短针前一侧的针眼，将它们缝在一起。

3

拉紧线。

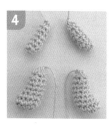

4

将其他手脚织片也按照步骤2~3拉紧。

5

把脚部织片上的线穿到缝衣针上，将缝衣针穿过身体织片第4圈旁边，挽起1针。

6

用缝衣针挽起脚部织片旁边的1针。

7

然后挽一次身体织片，再挽一次脚部织片，脚部缝制完成。

8

和脚部的缝制方法相同，把手缝在小熊的脖子下方。

9

手和脚缝制完成。

14 绣出面部，添加蝴蝶结

1

将长约40cm的黑线穿到缝衣针上，线头打死结。把缝衣针从头部后方刺入，开始刺绣。
※ 绣法请参照P77

2

绣出小熊的鼻子、嘴巴、眼睛。刺绣完成后，将缝衣针从头部后方取出。打好死结，剪掉线头。

3

钩织50针锁针，钩织1圈，稍后制成蝴蝶结。

4

系好蝴蝶结，制作完成。

蛋糕钩织法

蛋糕可以一层一层地钩织。

在蛋糕里面塞入厚纸，可以使其更牢固。

荷叶边要用夹丝棉线钩织。

材 料

线

本白色适量

粉色适量

本白色夹丝棉线适量

3/0号（2.3mm）钩针　　缝衣针　　化纤棉：少量

厚纸：约牛奶盒所用纸的厚度，边长为15cm的方形

钩织图

顶部/底部（小）：2片
本白色

②12针
①6针

侧面（小）：1片
本白色

④12针
③12针
②12针
①12针

起针
12针锁针

荷叶边（小）：1片
本白色夹丝棉线

起针
12针锁针
①30针

顶部/底部（中）：2片
本白色

④24针
③18针
②12针
①6针

侧面（中）：1片
本白色

⑤17针
④17针
③17针
②17针
①17针

起针
17针锁针

荷叶边（中）：1片
本白色夹丝棉线

①30针

起针
18针锁针

顶部/底部（大）：2片
本白色

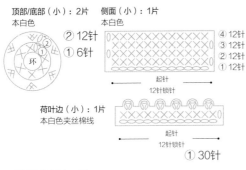

⑥36针
⑤30针
④24针
③18针
②12针
①6针

侧面（大）：1片
本白色

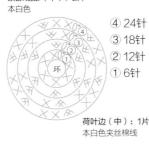

⑤17针
④17针
③17针
②17针
①17针

起针
17针锁针

荷叶边（大）：1片
本白色夹丝棉线

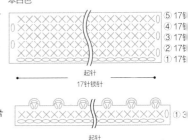

①30针

起针
18针锁针

心：1片
粉色

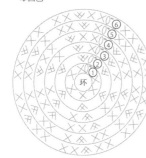

①6针
②8针

1 顶部/底部（大）环形起针，钩织第1圈

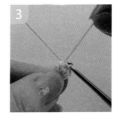

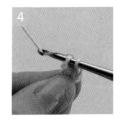

把钩针插入圆圈中，挂线，钩织1针锁针（起立针）。

※环形起针、锁针的钩织方法请参照P12

钩织6针短针。

※短针的钩织方法请参照P12～P13

拉紧做好环的线。

把钩针插入第1针短针的针眼里，针上挂线。

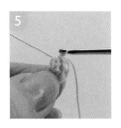

钩织引拔针。

※引拔针的钩织方法
请参照P13

2 钩织第2圈

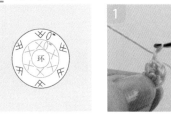

钩织1针锁针（锁针为起
立针）。

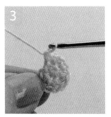

在同一针处钩织1针分
2针短针。

※1针分2针短针的钩
织方法请参照P13

再钩织5次1针分2针短
针，共计6次。

3 钩织第3圈

把钩针插入第1针短针
的针眼里，钩织引拔针。

钩织起立针和短针。

在下一针处钩织1针分
2针短针。

重复步骤1~2，钩织①
圈后，把钩针插入第1
针短针的针眼里，钩
织引拔针。

4 钩织第4~6圈

按照钩织图钩织，一
直钩织到第6圈。使用
同样的方法钩织底部。

5 钩织顶部/底部（中）（小）

[顶部/底部（中）]

[顶部/底部（小）]

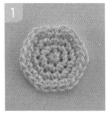

和顶部（大）的钩织
方法相同，一直钩织
到第4圈。使用同样的
方法钩织底部。

和顶部（大）的钩织
方法相同，一直钩织
到第2圈。使用同样的
方法钩织底部。

6 钩织侧面

[侧面（小）]

[侧面（大）（中）]

侧面（大）：钩织37针
锁针起针，其中1针是
起立针。3片侧面开端
处的线都留出大约
20cm。

按照钩织图钩织短针。

按照钩织图钩织5圈。
钩织至结尾处时线留
出大约20cm。

侧面（中）：按照钩
织图钩织5圈，每圈24
针。钩织至结尾处时
线留出大约20cm。

7 连接顶部/底部（大）和侧面（大）

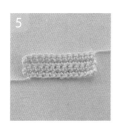

侧面（小）按照钩织图钩织4圈，每圈12针。钩织至结尾处时线留出大约20cm。

将侧面（大）钩织开端处留的线穿入缝衣针的针孔，把它和底部（大）的正面向外叠起来，将缝衣针插入。

使用卷针缝的缝法将侧面（大）和底部（大）缝在一起。
※卷针缝的缝法请参照P23

绕一圈。

使用卷针缝的缝法将侧面一端的边与另一端的边缝在一起。

缝至最上面，直至侧边完全缝合。

按照顶部的大小剪2片厚纸，在底部塞入1片。

塞入棉花。

再塞入1片厚纸。

8 钩织荷叶边，添加在蛋糕主体上

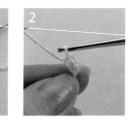

处理好钩织开端处的线头，把钩织至结尾处的线穿入缝衣针的针孔，使用卷针缝的缝法把顶部（大）缝在侧面（大）上面。

主体（大）制作完成。按照同样的方法制作主体（中）、（小）。

钩织锁针起针（大）37针、（中）25针、（小）13针，其中1针是起立针。

钩织1针短针。

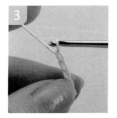

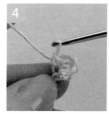

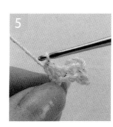

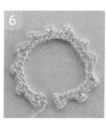

钩织3针锁针。

在下一针处钩织1针短针。

钩织2针短针。

重复步骤3~5。

把荷叶边放置在蛋糕主体侧面的中心处，缝在主体上。

蛋糕主体（大）制作完成。

依照同样的方法，将蛋糕主体（中）缝制完成。（将荷叶边添加在蛋糕主体侧面的中心处）

依照同样的方法，将蛋糕主体（小）缝制完成。（将荷叶边重叠添加在蛋糕主体侧面的上部）

9 钩织心

和蛋糕主体的钩织方法相同，先钩织出第1圈。

钩织1针锁针（起立针）、1针短针。

3~4：1针分2针中长针的钩织方法
在下一针处钩织中长针。

（1针分2针中长针钩织完成）
在同一针处钩织中长针。

在下一针处钩织引拔针。

钩织1针分2针中长针、1针短针。

在下一针处按照短针、锁针、短针的顺序钩织。

把钩针插入第1针短针的针眼里，钩织引拔针。钩织至结尾处时线要留长一些。

10 组装

把蛋糕主体（中）叠放在蛋糕主体（大）的中心处，将缝衣针穿好线后，将两者缝合起来。

蛋糕主体（中）和蛋糕主体（大）组装完成。

用同样的方法把蛋糕主体（中）与蛋糕主体（小）用缝衣针缝合。

最后，把心缝在蛋糕主体（小）上，处理好心的线头。制作完成。

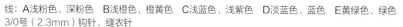

P4 花朵图案

1 花朵A

材 料

线：A浅粉色、深粉色　B浅橙色、橙黄色　C浅蓝色、浅紫色　D淡蓝色、蓝色　E黄绿色、绿色
3/0号（2.3mm）钩针、缝衣针

制作方法

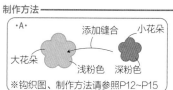

·A·　添加缝合　小花朵
大花朵　　浅粉色　深粉色
※钩织图、制作方法请参照P12~P15

·B·　浅橙色　橙黄色

·C·　浅蓝色　浅紫色

·D·　淡蓝色　蓝色

·E·　黄绿色　绿色

P4 花朵图案

2 花朵B

材 料

线：本白色、浅黄色
3/0号（2.3mm）钩针、缝衣针

钩织图

花朵：每种颜色各1片
□本白色 □浅黄色
※←接着钩织

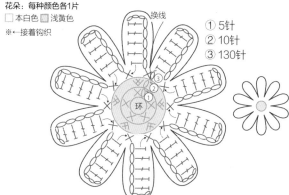

换线

① 5针
② 10针
③ 130针

P4 花朵图案

3 花朵C

材 料

线：A本白色 B浅粉色 C粉色 D浅紫色 E蓝色 F淡蓝色
G浅黄色
3/0号（2.3mm）钩针、缝衣针

钩织图

花朵：每种颜色各1片
A本白色 B浅粉色 C粉色 D浅紫色
E蓝色 F淡蓝色 G浅黄色
※←接着钩织

·A· ·B· ·C·
·D· ·E· ·F·

·G·

① 12针
② 66针

P4 花朵图案

4 花朵D

材 料

线：A浅橙色　B橙黄色　C浅粉色　D深粉色　E浅紫色　F浅蓝色
G蓝色　H淡蓝色　I黄绿色　J绿色　K浅黄色　L黄色
3/0号（2.3mm）钩针、缝衣针

钩织图

花朵：每种颜色各1片
A浅橙色 B橙黄色 C浅粉色 D深粉色 E浅紫色 F浅蓝色 G蓝色 H淡蓝色
I黄绿色 J绿色 K浅黄色 L黄色
※←接着钩织

环

·A· ·B· ·C· ·D·
·E· ·F· ·G· ·H·
·I· ·J· ·K· ·L·

① 6针
② 24针 ③ 24针

P4 花朵图案

5 花朵E

材 料

线：A黄绿色　B绿色　C黄色
3/0号（2.3mm）钩针、缝衣针

钩织图

花朵：每种颜色各1片
A黄绿色 B绿色 C黄色
※钩织第2圈时把钩针插入上
一圈的缝隙（♥）里
※←接着钩织

环

① 16针
② 35针

·A· ·B·

·C·

（参见P78）

P4 花朵图案
6 **花朵F**

材料

线：A橙黄色 B粉色 C蓝色
3/0号（2.3mm）钩针、缝衣针

钩织图

花朵：每种颜色各1片
A橙黄色 B粉色
C蓝色
※钩织第2圈时把
钩针插入上一圈的
缝隙（♥）里
※←接着钩织

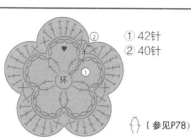

① 42针
② 40针

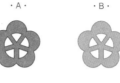

・A・　・B・　・C・

⌇ （参见P78）

P6 花朵图案
7 **多彩花朵系绳项链**

材料

线：黄绿色、淡蓝色、青色、蓝色、深粉色、黄色、本白色
3/0号（2.3mm）钩针、缝衣针

钩织图

花朵：每种颜色各1片
A淡蓝色 B黄色 C深粉色
※钩织第2、第3圈
时，把钩针插入上
一圈的缝隙（♥）里
※←接着钩织

① 24针
② 32针
③ 64针

花朵B：3片
本白色

① 55针

叶子：8片
黄绿色

钩织开端处
起针
7针锁针

① 16针

绳子：1条
黄绿色

17针锁针

锁针长130cm

制作方法

1. 钩织零件。钩织花朵、叶子开端处的线要留长一些。　　2. 使用钩织开端处的线把花朵、叶子添加在线绳上，制作完成。

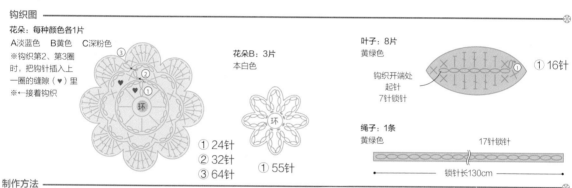

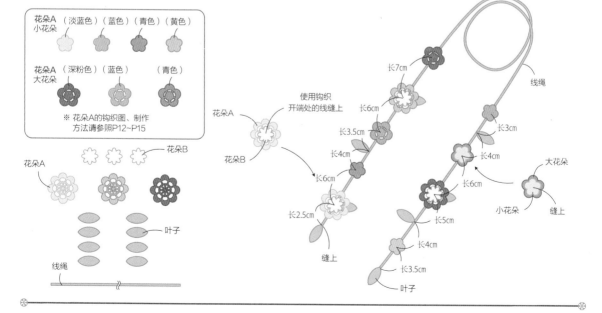

花朵A （淡蓝色）（蓝色）（青色）（黄色）
小花朵

花朵A （深粉色）（蓝色）（青色）
大花朵

※ 花朵A的钩织图、制作
方法请参照P12~P15

花朵A

花朵B

叶子

线绳

长7cm
长6cm
长3.5cm
长4cm
长6cm
长2.5cm
使用钩织
开端处的线缝上
花朵A
花朵B
缝上

长3cm
长4cm
长6cm
长5cm
长4cm
长3.5cm
线绳
大花朵
小花朵
缝上
叶子

8　本白色花朵项链

材 料

线：本白色水洗棉线、本白色夹丝棉线　手工缝线：本白色
3/0号（2.3mm）钩针、缝衣针　缎带蝴蝶结：宽1.3cm，长130cm，本白色

制作方法

1. 钩织花朵图案。

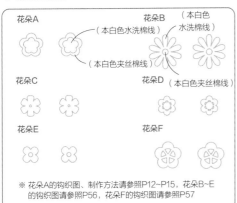

※ 花朵A的钩织图、制作方法请参照P12~P15，花朵B~E
的钩织图请参照P56，花朵F的钩织图请参照P57

2. 使用手工缝线，把图案缝在蝴蝶结缎带上，制作完成。

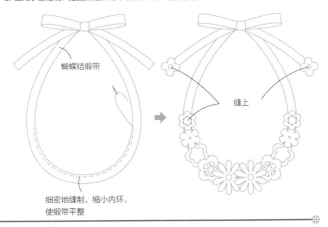

9　花朵发夹

材 料

线：黄绿色、绿色、本白色、淡蓝色、浅黄色
3/0号（2.3mm）钩针、缝衣针　发夹：长8cm，1条

钩织图

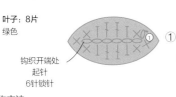

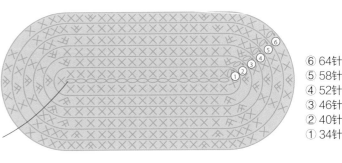

⑥64针
⑤58针
④52针
③46针
②40针
①34针

制作方法

1. 钩织零件。钩织花朵、叶子开端处的线要留长一些。

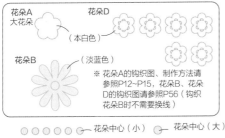

2. 使用钩织开端处的线把花朵、叶子缝在衬底上，添加发夹后制作完成。

10 花朵系绳项链

材　料

线：均用水洗棉线（粉色、黄绿色、米黄色、翡翠绿、白色）
4/0号（2.5mm）钩针、缝衣针

钩织图

花朵A：1片
粉色

※钩织第2~3圈
时，把钩针插入上
一圈的缝隙（♥）里

※←接着钩织

③ 64针
② 40针
① 33针

花朵B：1片
白色

① 47针

叶子：4片
黄绿色

钩织开端处
起针
7针锁针

① 16针

绳：1条
黄绿色

锁针长130cm
14针锁针

制作方法

1. 钩织零件。钩织花朵、叶子开端处的线要留长一些。

花朵A 大花朵	花朵A 小花朵
（米黄色）	（青色）

※ 钩织图、制作方法
请参照P12~P15

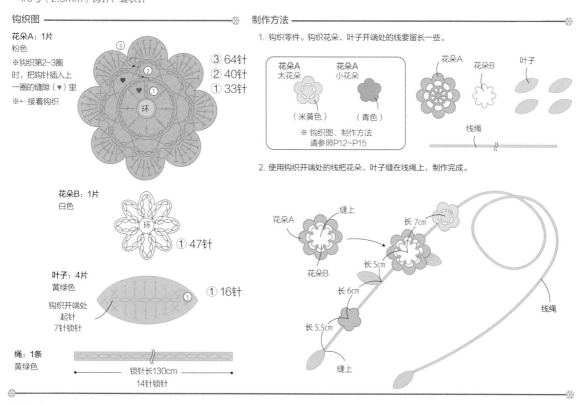

花朵A　花朵B　叶子

线绳

2. 使用钩织开端处的线把花朵、叶子缝在线绳上，制作完成。

花朵A　缝上　长7cm

花朵B　长5cm

长6cm

长5.5cm　缝上

线绳

12 花朵头绳

材　料

线：A本白色、浅紫色、蓝色、淡蓝色　B本白色、浅粉色、粉色、浅黄色
3/0号（2.3mm）钩针、缝衣针　圆形橡皮筋：各长20cm，粗0.3cm，本白色

钩织图

头绳主体：各种颜色各1条
A蓝色 B浅粉色

97针
②添加线
①打结

圆形橡皮筋

挽起圆形橡皮
筋，钩织长针

制作方法

1. 钩织零件。钩织花朵开端处的线要留长一些。

·A·

花朵C （木白色）	（浅紫色）	（蓝色）	（淡蓝色）

※ 各种颜色分别钩织3片
※ 钩织图请参照P56

头绳主体

2. 使用钩织开端处的线把花朵缝在头绳主体上，制作完成。

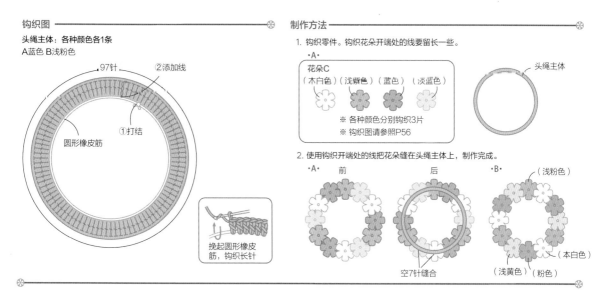

·A·　前　　　后　　　·B·

（浅粉色）

（本白色）

（浅黄色）（粉色）

空7针缝合

11 花朵耳环

材 料

线：本白色夹丝棉线
3/0号（2.3mm）钩针、缝衣针
耳环配件：金色，1对
链条：金色，2条，各长4cm　圆环：直径3.5mm，金色，4个

制作方法

1. 钩织花朵图案。

2. 把耳环配件添加在花朵织物上，
制作完成。

花朵E

※钩织图请参照P56

耳环配件
链条
长4cm
用圆环
连接
穿过针眼

13 花朵发卡

材 料

线：A浅橙色　B橙黄色　C深粉色　D浅紫色　E浅蓝色　F蓝色
G淡蓝色　H黄绿色　I浅黄色　J黄色
3/0号（2.3mm）钩针、缝衣针　发卡：黑色，各1个

制作方法

1. 钩织花朵图案。钩织花朵开端处的线要留长一
些。

2. 使用钩织花朵开端处的线把
花朵缝在发卡上，制作完成。

花朵D
·A·　·B·　·C·　·D·　·E·
·F·　·G·　·H·　·I·　·J·
※钩织图请参照P56

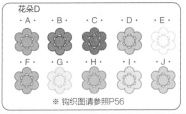

前
发卡
后
缝上

15 圆形花朵杯垫

材 料

线：A橙黄色、浅橙色　B深粉色、浅粉色　C蓝色、淡蓝色　D绿色、黄绿色　（A~D均需本白色、浅黄色）
3/0号（2.3mm）钩针、缝衣针

钩织图

杯垫：各种颜色各1片
※钩织第5、6、7圈时把钩针
插入上一圈的缝隙（♥）里
※←接着钩织

⑦200针　③140针
⑥100针　②10针
⑤100针　①5针
④60针

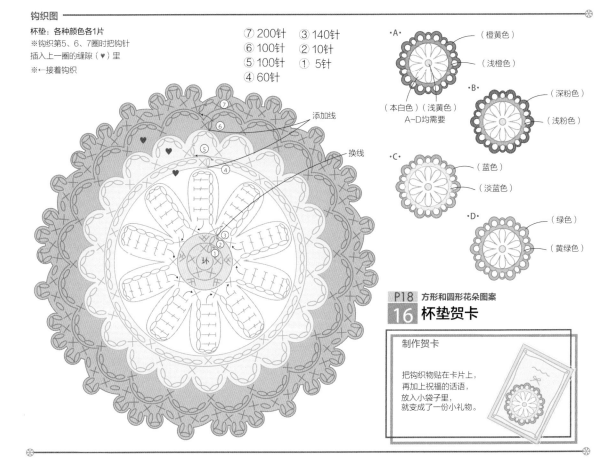

添加线
换线

·A·
（橙黄色）
（浅橙色）
（本白色）（浅黄色）
A~D均需要

·B·
（深粉色）
（浅粉色）

·C·
（蓝色）
（淡蓝色）

·D·
（绿色）
（黄绿色）

16 杯垫贺卡

制作贺卡

把钩织物贴在卡片上，
再加上祝福的话语，
放入小袋子里，
就变成了一份小礼物。

14 方形花朵小袋

材料

线：淡蓝色、本白色、浅橙色、橙黄色、浅粉色、深粉色、浅紫色、浅蓝色、蓝色、黄绿色、绿色、浅黄色、黄色
3/0号（2.3mm）钩针、缝衣针

钩织图

[主体]
淡蓝色

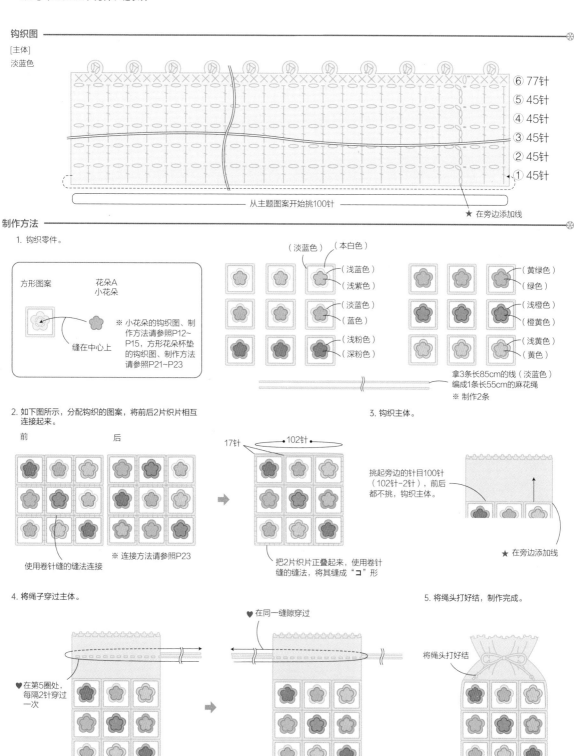

⑥ 77针
⑤ 45针
④ 45针
③ 45针
② 45针
① 45针

从主题图案开始挑100针

★ 在旁边添加线

制作方法

1. 钩织零件。

方形图案　　　花朵A
　　　　　　　小花朵

缝在中心上

※ 小花朵的钩织图、制作方法请参照P12~P15，方形花朵杯垫的钩织图、制作方法请参照P21~P23

（淡蓝色）　（本白色）
（浅蓝色）
（浅紫色）

（黄绿色）
（绿色）

（淡蓝色）
（蓝色）

（浅橙色）
（橙黄色）

（浅粉色）
（深粉色）

（浅黄色）
（黄色）

拿3条长85cm的线（淡蓝色）
编成1条长55cm的麻花绳
※ 制作2条

2. 如下图所示，分配钩织的图案，将前后2片织片相互连接起来。

前　　　　　　后

使用卷针缝的缝法连接

※ 连接方法请参照P23

3. 钩织主体。

17针　　102针

挑起旁边的针目100针
（102针-2针），前后都不挑，钩织主体。

★ 在旁边添加线

把2片织片正叠起来，使用卷针缝的缝法，将其缝成"コ"形

4. 将绳子穿过主体。

♥ 在同一缝隙穿过

♥ 在第5圈处，每隔2针穿过一次

5. 将绳头打好结，制作完成。

将绳头打好结

18 方形迷你花朵手提袋

材料
线：粉色、浅粉色、本白色夹丝棉线
3/0号（2.3mm）钩针、缝衣针

钩织图

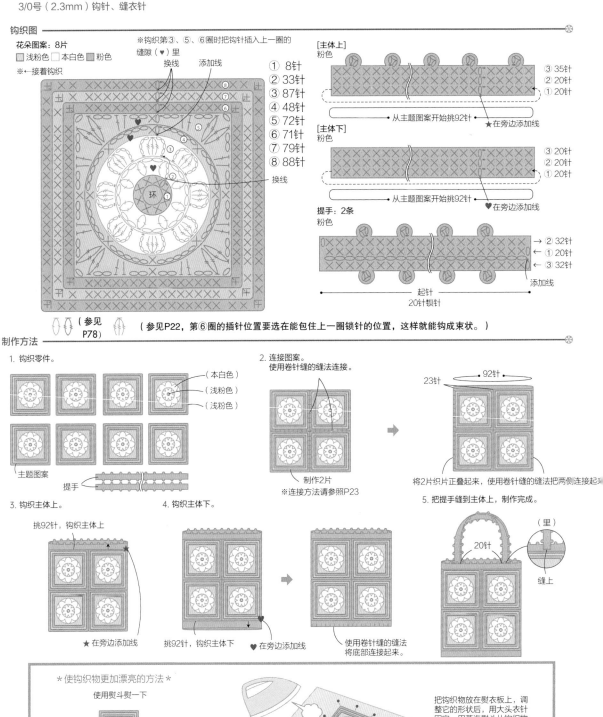

花朵图案：8片
□浅粉色 □本白色 ■粉色
※←接着钩织

※钩织第③、⑤、⑥圈时把钩针插入上一圈的缝隙（♥）里

换线　添加线

① 8针
② 33针
③ 87针
④ 48针
⑤ 72针
⑥ 71针
⑦ 79针
⑧ 88针

换线
环

[主体上]
粉色
③ 35针
② 20针
① 20针
←从主题图案开始挑92针　★在旁边添加线

[主体下]
粉色
③ 20针
② 20针
① 20针
从主题图案开始挑92针　♥在旁边添加线

提手：2条
粉色
→ ② 32针
← ① 20针
← ③ 32针
添加线
起针
20针锁针

（参见 P78）

（参见P22，第⑥圈的插针位置要选在能包住上一圈锁针的位置，这样就能钩成束状。）

制作方法

1. 钩织零件。

（本白色）
（浅粉色）
（浅粉色）
主题图案
提手

2. 连接图案。
使用卷针缝的缝法连接。

23针　92针

制作2片
※连接方法请参照P23

将2片织片正叠起来，使用卷针缝的缝法把两侧连接起来。

3. 钩织主体上。
挑92针，钩织主体上
★在旁边添加线

4. 钩织主体下。
挑92针，钩织主体下
♥在旁边添加线

使用卷针缝的缝法
将底部连接起来。

5. 把提手缝到主体上，制作完成。

20针
缝上
（里）

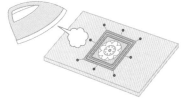

＊使钩织物更加漂亮的方法＊
使用熨斗熨一下

把钩织物放在熨衣板上，调整它的形状后，用大头衣针固定，用蒸汽熨斗从钩织物上面开始熨。晾干后，取下大头针。

此方法可以使钩织物平整、不起皱，外观更加漂亮。

P24 平面图案
19 蝴蝶

材料

线：A蓝色、淡蓝色、本白色　B绿色、浅黄色、本白色
3/0号（2.3mm）钩针、缝衣针

钩织图

翅膀上：各种颜色各1片
A蓝色　B绿色
※←接着钩织

④11针
③8针
②10针
①10针

起针
8针锁针

翅膀下：各种颜色各1片
A淡蓝色　B浅黄色
※←接着钩织

③12针
②6针
①7针

起针
8针锁针

[触角：各1条]
本白色

10针锁针

添加线

5针锁针

制作方法

1. 钩织零件。

翅膀上
触角
翅膀下

2. 把翅膀上粘贴在翅膀下的上面。

用手工专用黏合剂粘贴
1圈

3. 把触角添加到蝴蝶的身体上。

用手工专用黏合剂粘贴

4. 制作完成。

·A　·B

P24 平面图案
28 小鸟

材料

线：A浅粉色、红色、黄色、深棕色　B淡蓝色、青色、黄色、深棕色　3/0号（2.3mm）钩针、缝衣针

钩织图

身体：各种颜色各1片
A浅粉色　B淡蓝色

头侧

钩织开端处
起针
8针锁针

② 18针
① 29针

翅膀：各种颜色各1片
A红色　B青色

鸟嘴：各1片
黄色

① 1针

起针
2针锁针

身体一侧

① 15针

身体一侧

钩织开端处
起针
4针锁针

（参见P78）

制作方法

1. 钩织零件。

身体

鸟嘴

翅膀

2. 把翅膀和鸟嘴粘贴到小鸟的身体上。

1圈
用手工专用
黏合剂粘贴

3. 绣出眼睛。

绣2次（深棕色，1条）

4. 制作完成。

·A　·B

P24 平面图案
24 宝石

材料

线：A浅紫色　B浅蓝色　C黄绿色
3/0号（2.3mm）钩针、缝衣针

钩织图

宝石：每种颜色各1片
A浅紫色　B浅蓝色　C黄绿色

⑥6针 ·A
⑤6针
④6针
③6针
②6针
①6针

·B　·C

起针
6针锁针

P24 平面图案
26 心

材料

线：A橙黄色　B深粉色　C青色　D紫色
3/0号（2.3mm）钩针、缝衣针

钩织图

心：每种颜色各1片
A橙黄色　B深粉色　C青色　D紫色

环

③25针
②12针
①6针

·A　·B

·C　·D

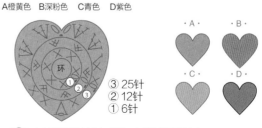

（ 在此处按照中长针→锁针→中长针的顺序钩入 ）

P24 平面图案
20 王冠

材 料

线：黄色、本白色、深粉色、粉色、浅黄色
3/0号（2.3mm）钩针、缝衣针

钩织图

王冠上部：1片
黄色
※接着钩织

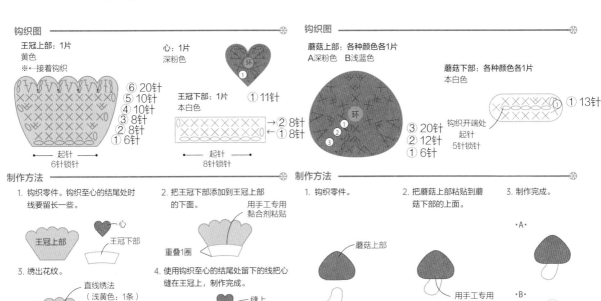

心：1片
深粉色

⑥ 20针
⑤ 10针
④ 10针
③ 8针
② 8针
① 6针

起针
6针锁针

① 11针
王冠下部：1片
本白色

→② 8针
① 8针

起针
8针锁针

制作方法

1. 钩织零件。钩织至心的结尾处时
线要留长一些。

心
王冠上部
王冠下部

3. 绣出花纹。

直线绣法
（浅黄色：1条）
法国结
（粉色：1条）

※绣法（参见P77）

2. 把王冠下部添加到王冠上部
的下面。

用手工专用
黏合剂粘贴

重叠1圈

4. 使用钩织至心的结尾处留下的线把心
缝在王冠上，制作完成。

缝上

P24 平面图案
25 蘑菇

材 料

线：A深粉色、本白色　B浅蓝色、本白色
3/0号（2.3mm）钩针、缝衣针

钩织图

蘑菇上部：各种颜色各1片
A深粉色　B浅蓝色

蘑菇下部：各种颜色各1片
本白色

③ 20针
② 12针
① 6针

环

① 13针
钩织开端处
起针
5针锁针

制作方法

1. 钩织零件。

蘑菇上部

蘑菇下部

2. 把蘑菇上部粘贴到蘑
菇下部的上面。

用手工专用
黏合剂粘贴

3. 制作完成。

·A·

·B·

P26 平面图案
29 心形发夹

材 料

和P63的"心"相同
发夹：1条（长8cm）

制作方法

1. 钩织心。

心
·A·　·B·　·C·　·D·

※钩织图请参照P63

2. 把发夹添加到心上，制作完成。

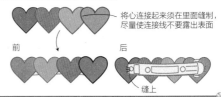

将心连接起来须在里面缝制，
尽量使连接线不要露出表面

前　　　　后

缝上

P26 平面图案
30 王冠发卡

材 料

和本页的"王冠"相同
带底托发卡：金色，1条

钩织图

1. 钩织王冠。

王冠

※钩织图、制作方
法请参照前文

2. 把发卡粘贴到王冠上，制作完成。

前
发卡
后

使用塑料专用黏合剂粘贴

P26 平面图案
31 蝴蝶结发饰

材 料

和P28的"蝴蝶结"相同
梳子：银色，1条（宽35mm）

钩织图

1. 钩织蝴蝶结。

蝴蝶结

※钩织图、制作方法
请参照P28~P29

2. 把梳子缝到蝴蝶结上，制作完成。

前　　　　后

缝上

P24 平面图案

21 苹果

材 料

线：红色、本白色、深棕色、茶色
3/0号（2.3mm）钩针、缝衣针

钩织图

苹果：1片
■ 红色　□ 本白色
※←接着钩织

添加线

⑥ 40针
⑤ 30针
④ 22针
③ 20针
② 14针
① 8针

钩织开端处
起针
2针锁针

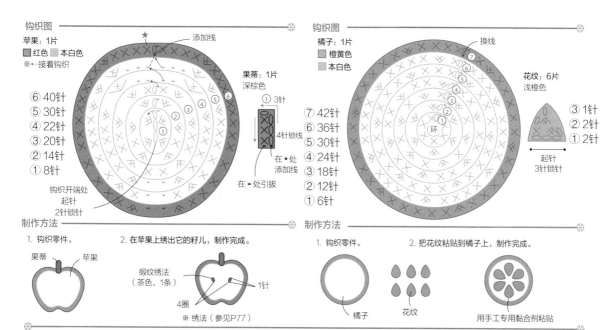

果蒂：1片
深棕色

① 3针

4针锁线

在•处
添加线

在•处引拔

制作方法

1. 钩织零件。

果蒂　　苹果

2. 在苹果上绣出它的籽儿，制作完成。

缀纹绣法
（茶色，1条）

1针

4圈

※ 绣法（参见P77）

P24 平面图案

22 橘子

材 料

线：橙黄色、浅橙色、本白色
3/0号（2.3mm）钩针、缝衣针

钩织图

橘子：1片
■ 橙黄色
□ 本白色

换线

环

⑦ 42针
⑥ 36针
⑤ 30针
④ 24针
③ 18针
② 12针
① 6针

花纹：6片
浅橙色

③ 1针
② 2针
① 2针

起针
3针锁针

制作方法

1. 钩织零件。

橘子　　花纹

2. 把花纹粘贴到橘子上，制作完成。

用手工专用黏合剂粘贴

P24 平面图案

27 西瓜

材 料

线：绿色、红色、本白色、黑色
3/0号（2.3mm）钩针、缝衣针

钩织图

西瓜：1片
■ 红色　□ 本白色　■ 绿色

⑧ 27针
⑦ 23针
⑥ 20针
⑤ 16针
④ 13针
③ 10针
② 6针
① 3针

添加线

环

① ② ③ ④ ⑤ ⑥ ⑦ ⑧

制作方法

1. 钩织6圈后，把织片翻过来，添加线，钩织7~8圈，将这一面当作西瓜的表面。

2. 绣出西瓜籽儿，制作完成。

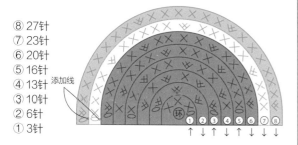

1圈　0.5圈

直线绣法
（黑色，1条）

※ 绣法（参见P77）

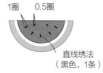

P27 平面图案

32~34 水果卡

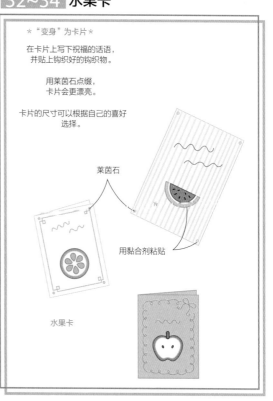

＊"变身"为卡片＊

在卡片上写下祝福的话语，
并贴上钩织好的钩织物。

用莱茵石点缀，
卡片会更漂亮。

卡片的尺寸可以根据自己的喜好
选择。

莱茵石

用黏合剂粘贴

水果卡

粉色帽子

材料

线：均用水洗棉线（粉色、米黄色）
4/0号（2.5mm）钩针、缝衣针

钩织图

帽子：1片
粉色

※←接着钩织

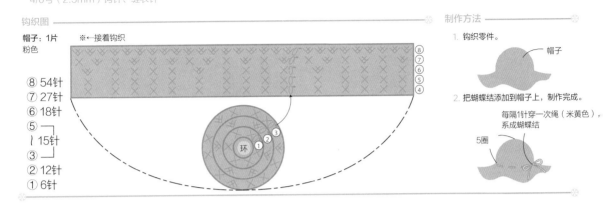

⑧ 54针
⑦ 27针
⑥ 18针
⑤ ⎤
　 ⎰ 15针
③ ⎦
② 12针
① 6针

制作方法

1. 钩织零件。

帽子

2. 把蝴蝶结添加到帽子上，制作完成。

每隔1针穿一次绳（米黄色），
系成蝴蝶结

5圈

挎包

材料

线：均用水洗棉线（胭脂红、米黄色）
4/0号（2.5mm）钩针、缝衣针

钩织图

挎包：1片
■ 胭脂红 □ 米黄色
※←接着钩织

换线

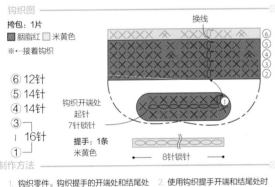

⑥ 12针
⑤ 14针
④ 14针
③ ⎤
　 ⎰ 16针
① ⎦

钩织开端处
起针
7针锁针

提手：1条
米黄色

←──── 8针锁针 ────→

制作方法

1. 钩织零件。钩织提手的开端处和结尾处
时线要留长一些。

挎包

提手

2. 使用钩织提手开端和结尾处时
留的线，把提手缝
在挎包上，制作完成。

缝合

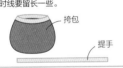

芭蕾舞鞋

材料

线：均用水洗棉线（粉色、胭脂红）
4/0号（2.5mm）钩针、缝衣针

钩织图

舞鞋：2片
粉色
※←接着钩织

★

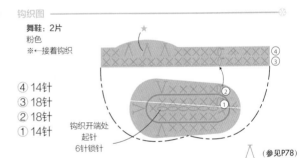

④ 14针
③ 18针
② 18针
① 14针

钩织开端处
起针
6针锁针

（参见P78）

制作方法

1. 钩织舞鞋。

舞鞋

2. 把蝴蝶结缝到舞鞋上，制作完成。

在★处穿线（胭脂红），
系成蝴蝶结

※ 按照相同的方法再制作1个

海军蓝手提袋

材料

线：均用水洗棉线（白色、深蓝色）
4/0号（2.5mm）钩针、缝衣针

换线制作

※ 钩织图、制作方法请参照P34~P35

38 草帽

材料

线：水洗棉线（米黄色）
4/0号（2.5mm）钩针、缝衣针

钩织图

草帽：1片
米黄色

※←接着钩织

⑨ 31针
⑧ 31针
⑦ 23针
⑥ ⎫
⎪15针
③ ⎭
② 12针
① 6针

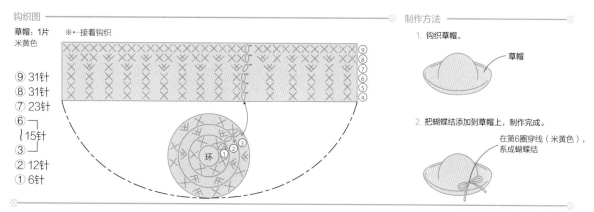

制作方法

1. 钩织草帽。

草帽

2. 把蝴蝶结添加到草帽上，制作完成。

在第6圈穿线（米黄色），
系成蝴蝶结

---

40 花朵凉鞋

材料

线：均用水洗棉线（淡蓝色、翡翠绿、粉色）
4/0号（2.5mm）钩针、缝衣针

钩织图

鞋底：4片
淡蓝色

① 16针

钩织开端处
起针
6针锁针

鞋帮：2条
淡蓝色

① 8针

起针
8针锁针

鞋带：2条
淡蓝色

10针

① 15针

钩织开端处
起针
3针锁针

花朵：2片
翡翠绿

环

① 15针

制作方法

1. 钩织零件。

鞋帮
鞋底
鞋底
鞋带

法国结
（粉色，1条）
花朵

※ 绣法（参见P77）

2. 制作鞋底和鞋带。

鞋底

把2片鞋底织片正叠
起来，使用卷针缝的
缝法把它们连接起来

鞋带
两端相互
缝合

3. 把鞋帮、鞋带缝到鞋底上，将花朵缝到鞋帮上，制作完成。

鞋带
鞋帮

缝合

缝合
花朵

※ 按照相同的方法再制作1个

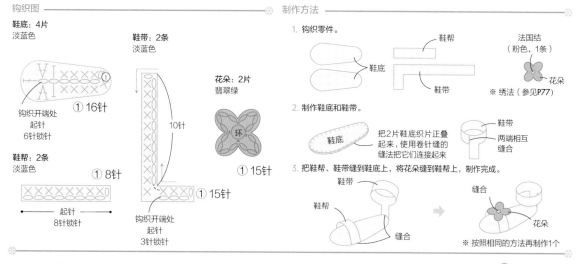

---

41 迷你手提袋

材料

线：A深粉色　B青色　C绿色　D黄色　E橙黄色　（A~E均需浅茶色）
3/0号（2.3mm）钩针、缝衣针

颜色变化

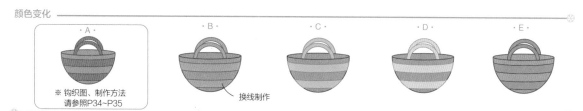

·A·

※ 钩织图、制作方法
请参照P34~P35

·B·

换线制作

·C·

·D·

·E·

42 迷你手提袋项链

材 料

和P34的"手提袋"相同
皮革绳：深棕色，长80cm，宽0.3cm

制作方法

1. 钩织手提袋。

2. 将皮革绳穿过手提袋的提手，制作完成。

迷你手提袋

请牢牢地缝住提手，防止提手从手提袋上脱落。

※ 钩织图、制作方法
和P34~P35相同

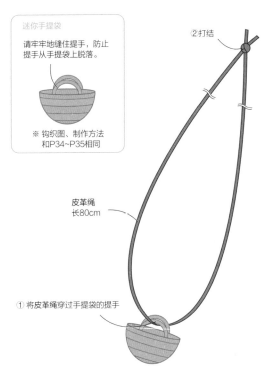

②打结

皮革绳
长80cm

① 将皮革绳穿过手提袋的提手

---

44 圆形手提袋

材 料

线：浅粉色、本白色
3/0号（2.3mm）钩针、缝衣针
皮革绳：胭脂红，长8cm，宽0.3cm

钩织图

手提包：1片

■ 浅粉色　□ 本白色

※←接着钩织

换线

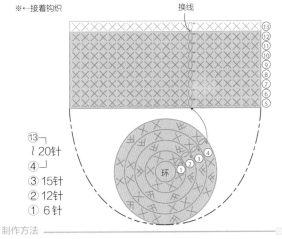

⑬ 20针
④ 15针
③ 12针
②
① 6针

⑬ 20针
④
③ 15针
② 12针
① 6针

制作方法

1. 钩织手提袋。

2. 将提手粘贴到手提袋上，制作完成。

手提袋

皮革绳长4cm

用手工专用
黏合剂粘贴

3针

---

43 购物袋

材 料

线：本白色、淡蓝色
3/0号（2.3mm）钩针、缝衣针

钩织图

购物袋：1片

■ 本白色　□ 淡蓝色

※←接着钩织

换线

提手：2条
淡蓝色

← 8针锁针 →

⑨ 28针
⑧ 24针
⑥
⑤ 22针
② 16针
①

钩织开端处
起针
7针锁针

制作方法

1. 钩织零件。钩织提手的开端处和结尾
处时线要留长一些。

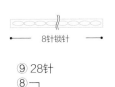

购物袋

提手

2. 用钩织提手开端处和结尾处时留出的线
把提手缝到购物袋上，制作完成。

缝合

4针

45 小挎包

46 夏季时尚小饰品

材料
线：深粉色
化纤棉：少量
3/0号（2.3mm）钩针、缝衣针
木珠：原木色，1个，直径3.5mm

材料
和P66的"海军蓝手提袋"相同
和P67的"草帽"相同
和P67的"花朵凉鞋"相同
带环链条：白色，1条
手工缝线：淡蓝色
带球加固金属环：银色，1个（球直径4mm）
圆环：银色，1个（直径3.5mm）
菱形串珠：淡蓝色，8个（每个直径3mm）；淡蓝色，4个（每个直径4mm）

钩织图

挎包：1片
深粉色
※←接着钩织

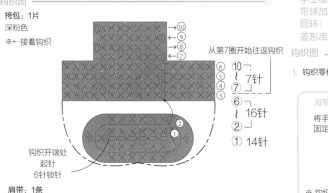

从第7圈开始往返钩织

⑩
⑨ ⑤ ⑥ }7针
⑧ ⑦ ④ ③
⑦ ⑥
⑥ ⑤ }16针
⑤ ②
② ① 14针

钩织开端处
起针
6针锁针

肩带：1条
深粉色

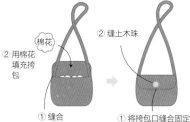

20针锁针

钩织图

1. 钩织零件。
2. 组装零件，制作完成。

海军蓝手提袋
将手提袋前后的中心缝合固定

※ 钩织图、制作方法
请参照P34~P35

草帽

花朵凉鞋

※ 草帽和花朵凉鞋的钩织
图、制作方法请参照P67

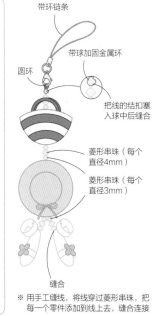

带环链条

带球加固金属环

圆环

把线的结扣塞
入球中后缝合

菱形串珠（每个
直径4mm）

菱形串珠（每个
直径3mm）

缝合

※ 用手工缝线，将线穿过菱形串珠，把
每一个零件添加到线上去，缝合连接

制作方法

1. 钩织零件。钩织肩带时，
开端处和结尾处的线要留
长一些。

2. 用钩织肩带开端处和结尾处的线把肩带缝到
挎包上，再缝上木珠，制作完成。

小挎包

肩带

棉花

②用棉花
填充挎
包

②缝上木珠

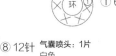

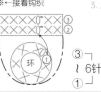

①缝合

①将挎包口缝合固定

---

50 香水瓶

材料
线：均用水洗棉线（淡蓝色、白色、粉色）
4/0号（2.5mm）钩针、缝衣针
化纤棉：少量

钩织图

瓶子：1片
淡蓝色
※←接着钩织

⑧
⑦
⑥
⑤
④
③
②
①

⑧ 12针
⑦ 6针
⑥ 9针
⑤ 12针
④ 12针
③ 9针
② 6针
① 6针

环 ①

◇（参见P78）

瓶盖：1片
白色

⑪ 6针

环

气囊喷头：1片
白色
※←接着钩织

③
②
①

③ 6针
② 6针
① 6针

钩织图

1. 钩织零件。钩织瓶盖和气囊喷头至结尾处时
线要留长一些。

①用棉花填
充瓶子
棉花

瓶子

②把线头穿过最
后一圈的第一
针的针眼里，
拉紧

气囊喷头

2. 用钩织至瓶盖结尾处的线把
瓶盖缝到瓶子上。

瓶盖

缝合

3. 用钩织至气囊喷头结尾处的线把气囊喷头缝到
瓶盖上。

1cm

缝合

气囊喷头

4. 在瓶子上添加花纹，制作完成。

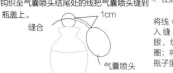

将线（粉色）穿
入缝衣针的针
眼，绕瓶颈处2
圈；将线头插入
瓶子里，剪断

69

47 粉扑盒

材 料

线：均用水洗棉线（白色、粉色、米黄色）
4/0号（2.5mm）钩针、缝衣针
化纤棉：少量

钩织图

盒子：1片
白色
※←接着钩织

盖子：1片
粉色

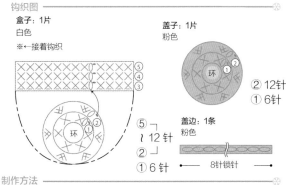

环 ①
② 12针
① 6针

⑤ ┐ 12针
② ┘
① 6针

盖边：1条
粉色

← 8针锁针 →

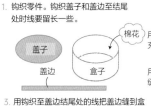
⑤
④
③
②
环 ②
①

制作方法

1. 钩织零件。钩织盖子和盖边至结尾处时要留长一些。

棉花 用棉花填充盒子

盖子 盒子

盖边 盒子

用卷针缝的缝法缝合

盖子 盒子

2. 用钩织至盖子结尾处的线把盖子缝到盒子上。

3. 用钩织至盖边结尾处的线把盖边缝到盒子上，系上蝴蝶结，制作完成。

缝合

盖边

➡

将线（米黄色）穿过盖子的中心，左右绕圈后系成蝴蝶结

---

49 小镜子

材 料

线：均用水洗棉线（翡翠绿、白色、粉色）
4/0号（2.5mm）钩针、缝衣针

钩织图

框架：1片
翡翠绿
※←接着钩织

③
②

钩织开端处
起针
3针锁针

③ 42针
② 14针
① 8针

镜柄：1条
翡翠绿

← 起针 →
7针锁针

① 7针

镜子：1片
白色

②
①

钩织开端处
起针
3针锁针

② 14针
① 8针

制作方法

1. 钩织零件。

2. 将镜子和镜柄粘贴到镜框上。

镜框

镜子

镜柄

5.5针

用手工专用黏合剂粘贴

3. 系上蝴蝶结，制作完成。

将线（粉红色）绕镜柄1圈后系成蝴蝶结

---

48 化妆水瓶

材 料

线：均用水洗棉线（A白色、浅翡翠绿、粉色 B粉色、翡翠绿、米黄色）
4/0号（2.5mm）钩针、缝衣针
化纤棉：少量

钩织图

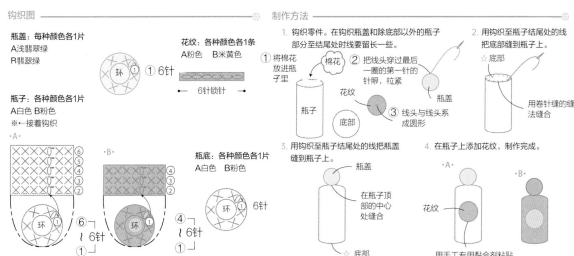

瓶盖：每种颜色各1片
A浅翡翠绿
B翡翠绿

环 ①
① 6针

花纹：各种颜色各1条
A粉色 B米黄色

← 6针锁针 →

瓶子：各种颜色各1片
A白色 B粉色
※←接着钩织

·A·
⑥
⑤
④
③
②

·B·
④
③
②

瓶底：各种颜色各1片
A白色 B粉色

环 ①
6针

⑥ ┐ 6针
① ┘

环 ①
④ ┐ 6针
① ┘

制作方法

1. 钩织零件。在钩织瓶盖和除底部以外的瓶子部分至结尾处时要留长一些。

① 将棉花放进瓶子里

棉花

② 把线头穿过最后一圈的第一针的针眼，拉紧

花纹

瓶子

底部

瓶盖

③ 线头与线头系成圆形

2. 用钩织至瓶子结尾处的线把底部缝到瓶子上。

☆底部

用卷针缝的缝法缝合

3. 用钩织至瓶子结尾处的线把瓶盖缝到瓶子上。

瓶盖

在瓶子顶部的中心处缝合

4. 在瓶子上添加花纹，制作完成。

·A·

花纹

·B·

用手工专用黏合剂粘贴

☆底部

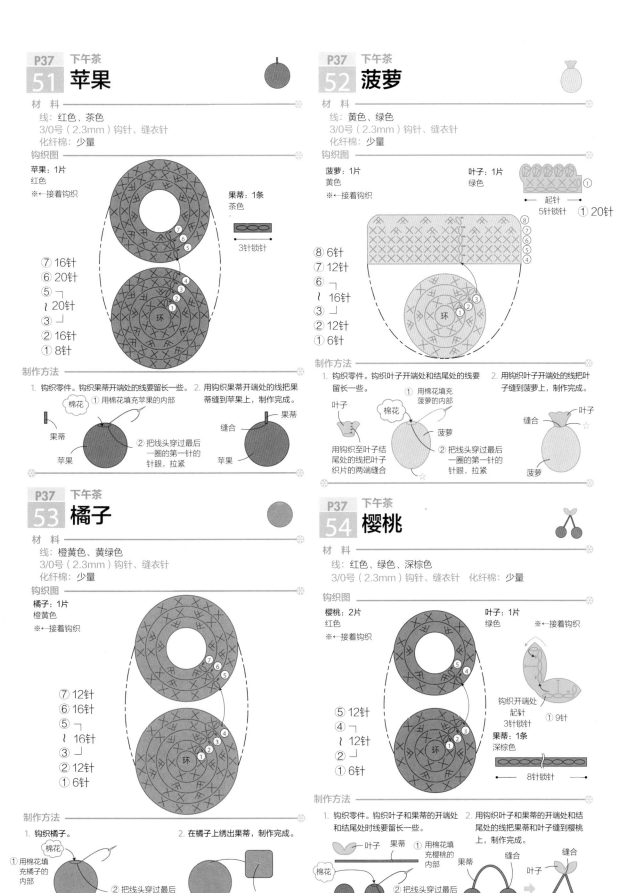

P37 下午茶
51 苹果

材 料
线：红色、茶色
3/0号（2.3mm）钩针、缝衣针
化纤棉：少量

钩织图
苹果：1片
红色
※←接着钩织

果蒂：1条
茶色
3针锁针

⑦ 16针
⑥ 20针
⑤ ┐
～ 20针
③ ┘
② 16针
① 8针

制作方法
1. 钩织零件。钩织果蒂开端处的线要留长一些。
2. 用钩织果蒂开端处的线把果蒂缝到苹果上，制作完成。

棉花
果蒂
苹果
① 用棉花填充苹果的内部
缝合
② 把线头穿过最后一圈的第一针的针眼，拉紧
果蒂
苹果

P37 下午茶
52 菠萝

材 料
线：黄色、绿色
3/0号（2.3mm）钩针、缝衣针
化纤棉：少量

钩织图
菠萝：1片
黄色
※←接着钩织

叶子：1片
绿色
起针
5针锁针　① 20针

⑧ 6针
⑦ 12针
⑥ ┐
～ 16针
② 12针
① 6针

制作方法
1. 钩织零件。钩织叶子开端处和结尾处的线要留长一些。
2. 用钩织叶子开端处的线把叶子缝到菠萝上，制作完成。

叶子
棉花
① 用棉花填充菠萝的内部
菠萝
用钩织至叶子结尾处的线把叶子织片的两端缝合
② 把线头穿过最后一圈的第一针的针眼，拉紧
缝合
叶子
菠萝

P37 下午茶
53 橘子

材 料
线：橙黄色、黄绿色
3/0号（2.3mm）钩针、缝衣针
化纤棉：少量

钩织图
橘子：1片
橙黄色
※←接着钩织

⑦ 12针
⑥ 16针
⑤ ┐
～ 16针
③ ┘
② 12针
① 6针

制作方法
1. 钩织橘子。
2. 在橘子上绣出果蒂，制作完成。

棉花
① 用棉花填充橘子的内部
橘子
② 把线头穿过最后一圈的第一针的针眼，拉紧
直线绣法
（黄绿色，1条）

P37 下午茶
54 樱桃

材 料
线：红色、绿色、深棕色
3/0号（2.3mm）钩针、缝衣针　化纤棉：少量

钩织图
樱桃：2片
红色
※←接着钩织

叶子：1片
绿色
※←接着钩织
钩织开端处
起针
3针锁针　① 9针

果蒂：1条
深棕色
8针锁针

⑤ 12针
④ ┐
～ 12针
② ┘
① 6针

制作方法
1. 钩织零件。钩织叶子和果蒂的开端处和结尾处时线要留长一些。
2. 用钩织叶子和果蒂的开端处和结尾处的线把果蒂和叶子缝到樱桃上，制作完成。

叶子　果蒂
棉花
① 用棉花填充樱桃的内部
樱桃
② 把线头穿过最后一圈的第一针的针眼，拉紧
果蒂
缝合
缝合
叶子

55 梨

材料

线：黄绿色、茶色
3/0号（2.3mm）钩针、缝衣针
化纤棉：少量

钩织图

梨：1片
黄绿色
※←接着钩织

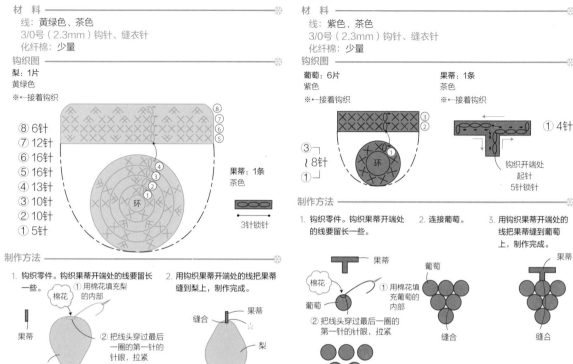

⑧ 6针
⑦ 12针
⑥ 16针
⑤ 16针
④ 13针
③ 10针
② 10针
① 5针

环

果蒂：1条
茶色

3针锁针

制作方法

1. 钩织零件。钩织果蒂开端处的线要留长一些。

① 用棉花填充梨的内部
棉花
果蒂
梨
② 把线头穿过最后一圈的第一针的针眼，拉紧

2. 用钩织果蒂开端处的线把果蒂缝到梨上，制作完成。

缝合
果蒂
梨

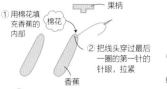

---

56 葡萄

材料

线：紫色、茶色
3/0号（2.3mm）钩针、缝衣针
化纤棉：少量

钩织图

葡萄：6片
紫色
※←接着钩织

③ ┐
┤ 8针
① ┘

环

果蒂：1条
茶色
※←接着钩织

① 4针

钩织开端处
起针
5针锁针

制作方法

1. 钩织零件。钩织果蒂开端处的线要留长一些。

2. 连接葡萄。

3. 用钩织果蒂开端处的线把果蒂缝到葡萄上，制作完成。

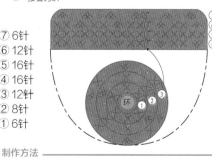

果蒂
棉花
葡萄
① 用棉花填充葡萄的内部
② 把线头穿过最后一圈的第一针的针眼，拉紧
葡萄
缝合
缝合
果蒂

---

57 香蕉

材料

线：A黄色 B浅黄色
3/0号（2.3mm）钩针、缝衣针
化纤棉：少量

钩织图

香蕉：每种颜色各2片
A黄色 B浅黄色
※←接着钩织

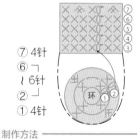

⑦ 4针
⑥ ┐
┤ 6针
② ┘
① 4针

环

果蒂：每种颜色各1条
A黄色 B浅黄色
※←接着钩织

① 3针

钩织开端处
起针
3针锁针

制作方法

1. 钩织零件。钩织果柄开端处的线要留长一些。

① 用棉花填充香蕉的内部
棉花
果柄
② 把线头穿过最后一圈的第一针的针眼，拉紧
香蕉

2. 用钩织果柄开端处的线把果柄缝到香蕉上，制作完成。

·A· ·B·
果柄
缝合 香蕉

---

58 草莓

材料

线：深粉色、绿色
3/0号（2.3mm）钩针、缝衣针
化纤棉：少量

钩织图

草莓：2片
深粉色
※←接着钩织

⑦ 6针
⑥ 12针
⑤ 16针
④ 16针
③ 12针
② 8针
① 6针

环

果蒂下部：1片
绿色

① 20针
环

果蒂上部：1条
绿色

2针锁针

制作方法

1. 钩织零件。钩织果蒂开端处的线要留长一些。

① 用棉花填充草莓的内部
棉花
② 把线头穿过最后一圈的第一针的针眼，拉紧

果蒂下部

2. 用钩织果蒂开端处的线把果蒂缝到草莓上，制作完成。

果蒂
草莓
缝合

61　杯形蛋糕

材料

线：均用水洗棉线（A淡蓝色　B粉色　C黄绿色　D紫色　E浅棕色
杯形蛋糕A~E均需白色、深棕色、红色、米黄色）
4/0号（2.5mm）钩针、缝衣针
化纤棉：少量

颜色变化

※ 钩织图、制作方法
请参照P40~P43

・B・

改变杯子的颜色

・C・

・D・

・E・

62　杯子

材料

线：均用水洗棉线（A淡蓝色　B粉色　C黄绿色　D紫色
E红色　F藏青）
4/0号（2.5mm）钩针、缝衣针

钩织图

杯子：每种颜色各1片
A淡蓝色　B粉色　C黄绿色　D紫色　E红色　F藏青
※←接着钩织

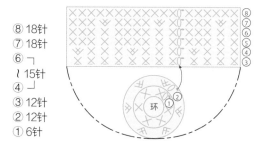

⑧18针
⑦18针
⑥┐
⎰15针
④┘
③12针
②12针
①6针

杯把儿：每种颜色各1条
A淡蓝色　B粉色　C黄绿色
D紫色　E红色　F藏青

←　8针锁针　→

制作方法

1. 钩织零件。钩织杯把儿开端处和结尾
　处的线要留长一些。

2. 用钩织杯把的开端处和结尾处
　的线把杯把儿缝到杯子上。

杯子

杯把儿

1.5圈

缝合

1.5圈

3. 制作完成。

・A・　　・B・　　・C・

・D・　　・E・　　・F・

60　茶杯首饰

材料

和P73中的"杯子"A和B相同
皮革绳：棕色，各长80cm，宽0.3cm
莱茵石：A透明的2个、蓝色1个；
B粉色2个、深粉色1个（直径3mm）

制作方法

1. 钩织杯子。

茶杯

牢牢地缝上杯把儿，
防止它从杯子上脱落。

・A・　　・B・

※ 钩织图、制作方法和P73的"杯子"相同

2. 粘贴莱茵石。

莱茵石

用手工专用黏合剂粘贴

3. 将皮革绳穿过杯子，制作完成。

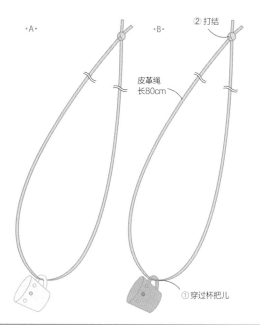

・A・

②打结

・B・

皮革绳
长80cm

①穿过杯把儿

64 茶杯

材 料

线：均用水洗棉线（A白色、粉色　B白色、淡蓝色）

4/0号（2.5mm）钩针、缝衣针

钩织图

茶杯：各种颜色各1片
□A和B白色　■A粉色　B淡蓝色
※←接着钩织

换线

⑦18针
⑥ ┐
～ 15针
④ ┘
③12针
②9针
①6针

杯把儿：各1条
白色
←7针锁针

茶托：各1片
白色

⑤24针
④24针
③18针
②12针
①6针

制作方法

1. 钩织零件。钩织杯把儿的开端处和结尾时线要留长一些。

茶杯　杯把儿

茶托

2. 用钩织杯把儿的开端处和结尾处的线将杯把儿缝到杯子上。

缝合　1.5圈

3圈

3. 把茶杯放到茶托上，制作完成。

・A・　　・B・

---

63 马卡龙

材 料

线：均用水洗棉线［A黄绿色　B粉色　C淡蓝色　D翡翠绿
E浅米黄色　F紫色　G红色　（注：A~G均需白色）］

4/0号（2.5mm）钩针、缝衣针

钩织图

马卡龙：各种颜色各1片
A黄绿色　B粉色　C淡蓝色　D翡翠绿
E浅米黄色　F紫色　G红色
※←接着钩织

⑦6针
⑥12针
⑤12针
④6针
③12针
②12针
①6针

奶油：各1条
白色
←8针锁针

制作方法

1. 钩织零件。钩织奶油的开端处和结尾处时线要留长一些。

2. 用钩织奶油的开端处和结尾处的线把奶油添加到马卡龙上。

将线头穿过最后一圈的
第一针的针眼，拉紧

奶油　马卡龙

将奶油绕马卡龙的中间一
圈，两端打结，然后将线
头穿入马卡龙里面，剪断

将线头穿过马卡龙的中心，来回绕一圈，之后拉出
线头，修整外观

3. 制作完成。

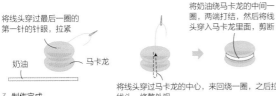

・A・　・B・　・C・　・D・　・E・　・F・　・G・

---

65 茶包

材 料

线：均用水洗棉线［A淡蓝色　B米黄色（注：A和B均需白色、灰色）］

4/0号（2.5mm）钩针、缝衣针

钩织图

茶包：各1片
白色

⑥2针
⑤3针
④3针
③3针
②3针
①3针

2针锁针

标签：各种颜色各1片
A淡蓝色　B米黄色

②2针
①2针

2针锁针

制作方法

1. 钩织零件。

茶包

标签

2. 制作茶包。

茶包

直线绣法
（灰色，1条）

对折，采用卷针缝的缝法
※绣法（参见P77）

3. 制作标签。

・A・

线（白色）
长10cm

缝合　标签

4. 将标签添加到茶包上，制作完成。

缝合　长4cm

・B・

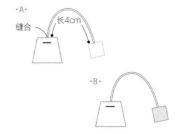

P37 下午茶
59 水果首饰

材 料
和P71~P72中第51~第58种"水果"相同
皮革绳：原色，长85cm，宽0.3cm
圆环：金色，8个，直径3.5mm

制作方法

1. 钩织水果。

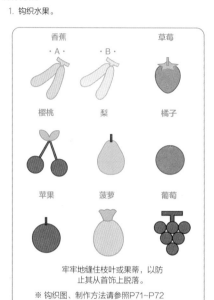

香蕉
·A· ·B·

草莓

樱桃　　梨　　橘子

苹果　　菠萝　　葡萄

牢牢地缝住枝叶或果蒂，以防
止其从首饰上脱落。

※ 钩织图、制作方法请参照P71~P72

2. 把圆环添加到水果上，将圆环穿过皮革
绳，制作完成。

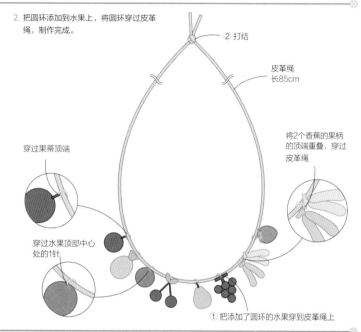

② 打结

皮革绳
长85cm

将2个香蕉的果柄
的顶端重叠，穿过
皮革绳

穿过果蒂顶端

穿过水果顶部中心
处的1针

① 把添加了圆环的水果穿到皮革绳上

P45 幸福主题
68 心

材 料
线：A本白色　B浅橙色　C橙黄色　D浅粉色　E粉色　F红色　G深粉色　H紫色　I浅紫色　J浅蓝色　K蓝色　L淡蓝色　M青色
N黄绿色　O绿色　P浅黄色　Q黄色　R茶色　S深棕色　T灰色
3/0号（2.3mm）钩针、缝衣针
化纤棉：少量

钩织图

心：每种颜色各1片
A本白色　B浅橙色　C橙黄色　D浅粉色　E粉色　F红色　G深粉色
H紫色　I浅紫色　J浅蓝色　K蓝色　L淡蓝色　M青色　N黄绿色
O绿色　P浅黄色　Q黄色　R茶色　S深棕色　T灰色

※←接着钩织

在★处添加线

挑7针　　挑7针

7针　　7针

从第6圈
开始分成
一半钩织

⑥ 7针
⑤ 14针
④ 14针
③ 10针
② 7针
① 5针

环

向前钩织法
7针　　7针

钩织到第5圈

挑7针，钩织一边（第6圈）

挑7针，钩织另一边（第6圈）

制作方法

① 钩织心

棉花

② 用棉花填充
心的内部

心

③ 把线头穿过最后
一圈的第一针的
针眼，拉紧

④ 缝合正中间，
制作完成

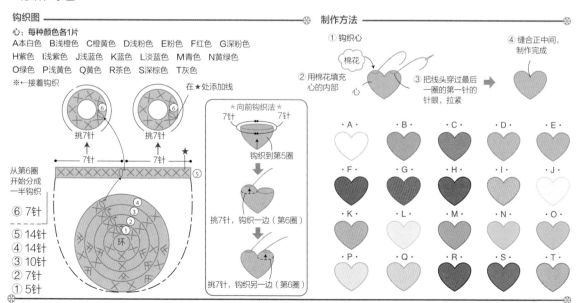

·A·　·B·　·C·　·D·　·E·
·F·　·G·　·H·　·I·　·J·
·K·　·L·　·M·　·N·　·O·
·P·　·Q·　·R·　·S·　·T·

66 小熊和小兔

材料
线：A淡蓝色夹丝棉线、本白色夹丝棉线　B蓝色水洗棉线、淡蓝色水洗棉线　C浅粉色水洗棉线、深粉色水洗棉线　D本白色夹丝棉线、
浅紫色水洗棉线　（B~D均需黑色）
3/0号（2.3mm）钩针、缝衣针
化纤棉：少量

钩织图
兔耳朵：各2片
C浅粉色水洗棉线　D本白色夹丝棉线

钩织开端处
起针
5针锁针

① 10针

刺绣图案

⑤ 5针 ④
① 1圈
2针 ① 2针 1圈
1针
缎绣
（黑色，1条）
直线绣法
（黑色，1条）

制作方法

·A·

※ 钩织图、制作方法请参照P48~P51

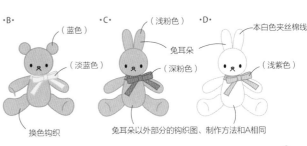

·B·
（蓝色）
（淡蓝色）
换色钩织

·C·
（浅粉色）
兔耳朵
（深粉色）

·D·
本白色夹丝棉线
兔耳朵
（浅紫色）

兔耳朵以外部分的钩织图、制作方法和A相同

---

69 小熊国王

材料
线：本白色、蓝色、黄色
3/0号（2.3mm）钩针、缝衣针
莱茵石：透明，15个，直径3mm

钩织图

披肩：1片
本白色

钩织边缘
添加线

钩织边缘
钩织结尾处

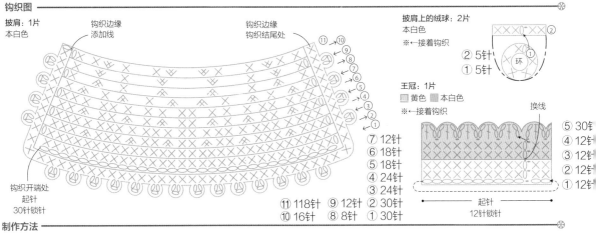

钩织开端处
起针
30针锁针

⑪ ⑩
⑨
⑧
⑦
⑥
⑤
④
③
②
①

⑦ 12针
⑥ 18针
⑤ 18针
④ 24针
③ 24针

⑪ 118针　⑨ 12针　②30针
⑩ 16针　⑧ 8针　①30针

披肩上的绒球：2片
本白色
※→接着钩织

② 5针
① 5针
环

王冠：1片
▦黄色 ▦本白色
※→接着钩织

换线
⑤ 30针
④ 12针
③ 12针
② 12针
① 12针

起针
12针锁针

制作方法

1. 钩织零件。

王冠的钩织方法请参照P76，将锁针连接成环钩织

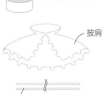

披肩

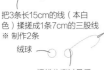

把3条长15cm的线（本白色）揉搓成1条7cm的三股线
※ 制作2条

绒球

把线头穿过最后一圈的第一针的针眼，拉紧

2. 将莱茵石粘贴到王冠上。

向外侧折叠

用手工专用黏合剂把6颗茵石粘贴上

3. 把绳子和莱茵石添加到披肩上。

披肩
绳子
缝合
绒球

前　　　　后

用手工专用黏合剂把9颗莱茵石粘贴上

4. 制作小熊，随后为小熊戴上王冠，穿上披肩，制作完成。

小熊
（蓝色）

※ 钩织图、制作方法请参照P48~P51（没有系蝴蝶结）

戴上王冠
穿上披肩

P47 幸福主题
70 心形耳环

材 料

线：粉色　3/0号（2.3mm）钩针、缝衣针　化纤棉：少量
耳环配件：金色，1对　链条：金色，长5cm　圆环：金色，4个，直径3.5mm

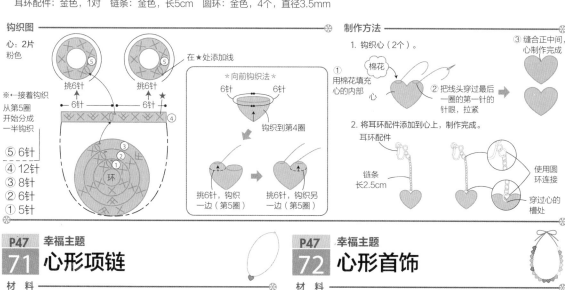

钩织图

心：2片
粉色

※←接着钩织
从第5圈
开始分成
一半钩织

⑤ 6针
④ 12针
③ 8针
② 6针
① 5针

挑6针　　挑6针　　在★处添加线

＊向前钩织法＊

钩织到第4圈

挑6针，钩织
一边（第5圈）

挑6针，钩织另
一边（第5圈）

制作方法

1. 钩织心（2个）。

① 用棉花填充心的内部
棉花　心

② 把线头穿过最后一圈的第一针的针眼，拉紧

③ 缝合正中间，心制作完成

2. 将耳环配件添加到心上，制作完成。

耳环配件

链条长2.5cm

使用圆环连接

穿过心的槽处

P47 幸福主题
71 心形项链

材 料

和P75的"心"F相同
链条：金色，长44cm
圆环：金色，2个，直径3.5mm
圆形弹簧项链头、开口圈：金色，各1个

钩织图

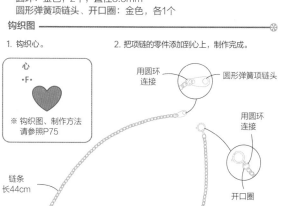

1. 钩织心。

心
•F•

※ 钩织图、制作方法
请参照P75

链条
长44cm

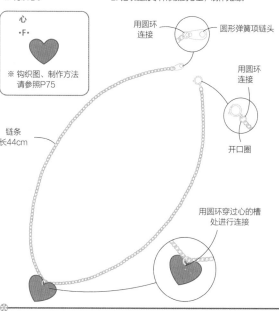

2. 把项链的零件添加到心上，制作完成。

用圆环连接　　圆形弹簧项链头

用圆环连接

开口圈

用圆环穿过心的槽
处进行连接

P47 幸福主题
72 心形首饰

材 料

和P75的"心"A～T相同
线：青色，长200cm

制作方法

1. 钩织心。

心
•A～T•

※ 钩织图、制作方法
请参照P75

① 将绳子穿过心，连接20个心

5圈　　长100cm

2. 连接心，制作完成。

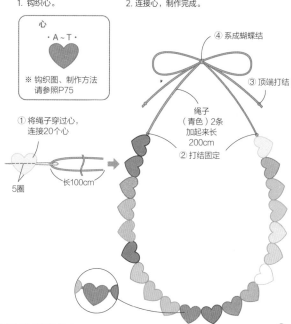

④ 系成蝴蝶结

③ 顶端打结

绳子
（青色）2条
加起来长
200cm

② 打结固定

绣法

缎绣

3出　2入　→

直线绣法

1出
2入　→

法国结

1出　→　2入　→

① 利用手指做一个圆环。　② 把线从圆环中拉出来。　③ 将钩针穿过步骤2中的圆环，拉紧线，把线挂到钩针上。　④ 直接引拔，1针锁针钩织完成。　⑤ 重复步骤④，钩出所需的针数。

钩织符号及方法 （P56~P77用到的）

短针条纹针2针并1针	① 把钩针插入上一行前侧一针的针眼里，挽起一根线。	② 钩针上挂线，拉出来。	③ 将钩针插入下一针的针眼里，挂线，引拔，钩针上再挂一次线。	④ 一次性全部引拔，短针条纹针2针并1针钩织完成。
中长针2针并1针	① 钩针上挂线，把钩针插入上一行的针眼里。	② 钩针上挂线，拉出来。	③ 钩针上挂线，把钩针插入下一针的针眼里。	④ 重复步骤②，钩针上挂线，一次性全部引拔。 ⑤ 中长针2针并1针钩织完成。
中长针2针的枣形针	① 钩针上挂线，把钩针插入上一行的针眼里。	② 钩针上挂线，拉出来。	③ 钩针上挂线，把钩针插入同一针的针眼里。	④ 重复步骤②，钩针上挂线，一次性全部引拔。 ⑤ 中长针2针的枣形针钩织完成。
1针分2针长针	① 钩针上挂线，把钩针插入上一行的针眼里。	② 钩织1针长针。	③ 在同一针处钩织长针，1针分2针长针钩织完成。	将长针2针的枣形针钩成束状 在下面长针2针的枣形针的钩织步骤①中，插入钩针的时候，要把钩针插入能把上一行的锁针卷起来的部分中。钩织步骤②之后的钩织过程相同。
长针2针的枣形针	① 钩针上挂线，将钩针插入上一行的针眼里。	② 钩针上挂线，拉出来，钩针上再挂一次线，引拔2针。	③ 钩针上挂线，把钩针插入同一针的针眼里。	④ 重复步骤②~③，钩针上挂线，一次性全部引拔。 ⑤ 长针2针的枣形针钩织完成。
将长针3针的枣形针钩成束状	① 钩针上挂线，穿过上一行的锁针，从对侧穿出。	② 钩针上挂线，拉到锁针跟前，引拔2针。	③ 重复2次步骤①~②。	④ 钩针上挂线，一次性全部引拔。 ⑤ 将长针3针的枣形针钩成束状完成。
1针长长针	① 钩针上挂2次线，把钩针插入上一行的针眼里。	② 钩针上挂线，拉出来，钩针上挂线，引拔2针。	③ 钩针上再挂一次线，引拔2针。	④ 钩针上再挂一次线，一次性全部引拔。 ⑤ 1针长长针钩织完成。
长长针2针的枣形针	① 钩针上挂2次线，把钩针插入上一行的针眼里。	② 钩针上挂线，拉出来，钩针上再挂一次线，引拔2针。	③ 钩针上挂线，引拔2针。	④ 在同一针处重复1次步骤①~③，钩针上挂线，一次性全部引拔。 ⑤ 长长针2针的枣形针钩织完成。

钩织符号及方法索引

以下是本书中使用的钩织符号及方法，
供参考。